智慧交通深圳的创新与实践

黄　敏　温文华　文　维　张　昕　章　伟　　等/编著

人民交通出版社股份有限公司
China Communications Press Co.,Ltd.

内容提要

本书以“智慧交通深圳的创新与实践”为主题，以深圳市智能交通建设为主线，系统地论述了深圳市智能交通发展、深圳市智能交通体系框架的建立及体系各平台建设等内容。

本书可作为政府部门、城市智能交通规划、智能运输系统等相关领域的科研、工程技术人员参考书，也可作为高等院校交通运输工程相关专业的参考用书。

图书在版编目（CIP）数据

智慧交通深圳的创新与实践 / 黄敏等编著. -- 北京: 人民交通出版社股份有限公司, 2015.7

ISBN 978-7-114-12406-8

Ⅰ.①智… Ⅱ.①黄… Ⅲ.①城市道路—交通运输管理—智能控制—研究—深圳市 Ⅳ.①U495

中国版本图书馆CIP数据核字（2015）第166446号

Zhihui Jiaotong Shenzhen de Chuangxin yu Shijian

书　　名：智慧交通深圳的创新与实践

著 作 者：黄　敏　温文华　文　维　张　昕　章　伟　等

责任编辑：戴慧莉

出版发行：人民交通出版社股份有限公司

地　　址：(100011) 北京市朝阳区安定门外外馆斜街 3 号

网　　址：http://www.ccpress.com.cn

销售电话：(010)59757973

总 经 销：人民交通出版社股份有限公司发行部

经　　销：各地新华书店

印　　刷：北京市密东印刷有限公司

开　　本：787 × 980　1/16

印　　张：12.5

字　　数：220 千

版　　次：2015 年 7 月　第 1 版

印　　次：2015 年 7 月　第 1 次印刷

书　　号：ISBN 978-7-114-12406-8

定　　价：118.00 元

（有印刷、装订质量问题的图书由本公司负责调换）

编写委员会

前　言

交通速度决定城市效率，交通空间影响城市布局，交通品质关乎宜居宜业。综合交通体系日益成为城市竞争力的核心要素。提升城市交通系统服务能力和水平，营造宜居宜商宜业的交通出行环境，成为世界大城市发展的核心价值。深圳作为国内唯一同时具有海港、空港、铁路和陆路口岸的城市，在参与国际枢纽城市竞争中，始终以全球视野俯瞰深圳交通、以世界眼光审视深圳交通、以国际坐标定位深圳交通，充分发挥智能交通的引领作用，围绕“深圳质量品质交通”，着力构建全球性物流枢纽城市、国际水准公交都市和国际化现代化一体化的综合交通体系，为深圳建设现代化、国际化创新型城市提供支撑。

现代综合交通运输体系需要交通管理方式向数字化、信息化、智能化方向迈进，从而实现各种交通要素之间的高效协同运行。2009年，深圳市实施大部制改革，成立了深圳市交通运输委员会，在国内率先建立了真正意义上“一城一交”的大交通管理体制，实现了全市智能交通工作的统筹管理，为智能交通系统一体化建设、一体化应用提供了良好的体制机制保障。《深圳市国民经济和社会发展第十二个五年规划纲要》确立了全面建设“智慧深圳”的发展战略，为此，深圳市交通运输委员会提出了 “以信息化、智能化引领全市交通运输行业现代化、国际化、一体化”的发展思路，从“建体系、立模式、编规划、树标准”四个方面谋划了智能交通顶层设计，初步构建了以深圳市综合交通运行指挥中心为主要载体，以应用为导向，智能公交、智能设施、智能物流、智能政务四大平台协同发展的交通运输智能体系；同时，紧跟时代发展，逐步强化“数据意识”“服务意识”“产业意识”，立足“数据采集、数据挖掘、数据应用”全过程，全面夯实基础数据环境，全方位拓展交通信息服务，促进智能交通“建设大合作、信息大服务、产业大发展”，不断提高智能交通的前瞻性、科学性、引领性。

本书系统地整理了近年来深圳市智能交通发展理念与经验，论述了深圳市智能交通体系的建立和推进策略，精选了相关智能交通规划、标准、建设实例，内容涵盖智能交通建设策略和步骤、智能交通体系、数据资源中心、综合交通智能化运行平台、综合交通智能化管理平台、综合交通规划决策支持平台、公众出行信息服务平台等多个方面，是深圳智能交通发展建设的工作实践总结，供关注城市智能交通发展的各界人士参考。

深圳市交通运输委员会（港务管理局）　黄敏

2015年5月

目　　录

第一章
概 述

第一节　深圳市综合交通发展概况

一、深圳市城市综合交通发展概况

（一）深圳市综合交通发展的城市背景

深圳，一座迅速崛起的大城市，经历了近30年的发展后，在面积不到2000平方公里的土地上，工作和生活着超过1700万人。1986年，深圳市城市总体规划确定了富有影响力的“带状组团式”的空间结构与功能布局。随着深圳特区经济高速发展，为适应经济发展的需求，1996年，《深圳市城市总体规划（1996—2010）》确立了“网状组团式”城市结构。经过三十多年的努力，深圳城市空间已经逐步形成以中心城区为核心，西、中、东三条发展轴和南、北两条发展带为基本骨架，“三轴两带多中心”的组团结构。图1-1为深圳市2010—2020城市总体规划。

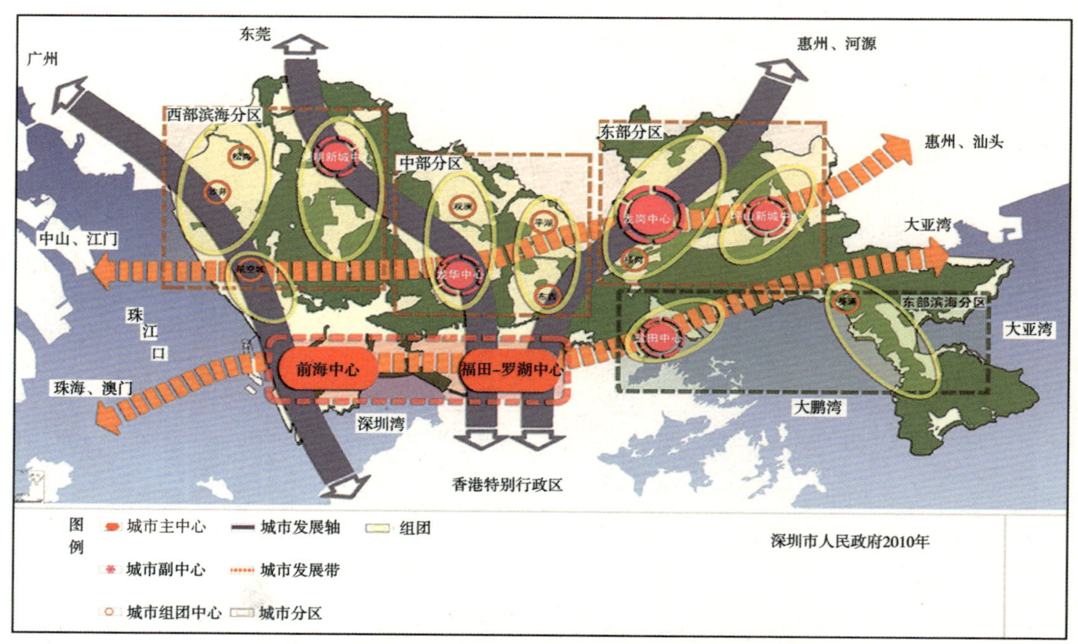

图1-1　深圳市城市总体规划（2010—2020）

深圳城市总体规划的快速演变和“三轴两带多中心”的组团结构形成，为交通运输的综合发展和快速的机动化需求提供了内在动力和外在支撑。

（二）特大型城市综合交通运行

三十年的城市崛起伴随着三十年城市综合交通运输体系的快速膨胀。目前，深圳港是全球第三大集装箱港口，深圳机场是全国第四大机场，深圳成为全球第十一个、国内第四个公交日均客运量超1000万人次的城市，共有公交线路909条、公交车15221辆、出租汽车16814辆，轨道5条线178公里118个站，道路6305公里，桥梁2144座，隧道52座，交通运输行业从业人员超过60万人。每天，有8.2万人次旅客进出深圳机场，6.59万个集装箱在深圳港吞吐，4万辆货柜车进出口岸，6000班次公路客运班车发往全国各地，315万辆机动车行驶在大街小巷，道路巡查17682公里，受理交通咨询投诉2000多宗。

随着城市的发展与居民收入水平的不断提高，深圳交通机动化水平不断提高。自2000年开始，深圳进入了机动化快速发展的阶段，机动车和小汽车的年增长率均保持在20%左右。截至2014年12月20日，全市机动车保有量超过315万辆，近5年年均增长率约16%，每公里道路机动车约500辆，车辆密度居全国第一（图1-2）。

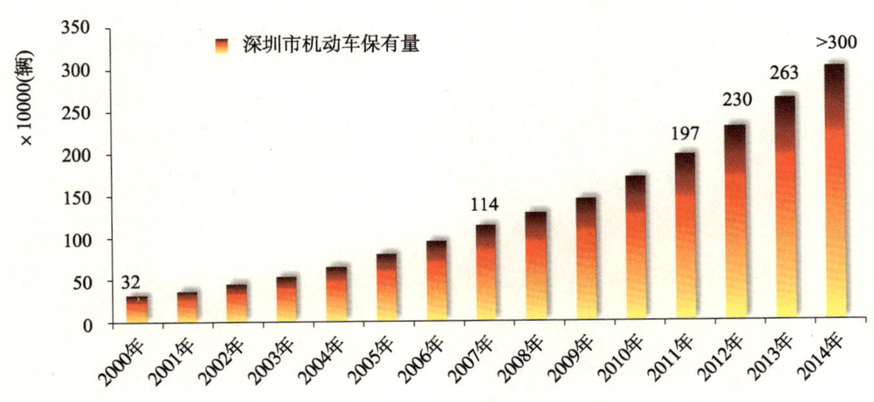

图1-2 深圳机动车保有量增长图

深圳已经跨入特大型城市发展的队列，交通运行对深圳市综合交通管理提出了新任务、新要求，迫切需要构建国际化、现代化、一体化综合交通运输体系。

二、深圳市综合交通运输体系

交通是城市拓展辐射的重要支撑，也是奠定城市区域发展地位的关键，综合交通运输体系日益成为国家和城市竞争力的核心要素。深圳市综合交通体系实现海陆空铁口岸俱全，与国际国内城市之间实现了多方式的交通衔接，确立全国性综合交通枢纽城市地位。通过高效一体化的综合交通运输体系为深圳经济社会快速发展提供有力支撑。

（一）积极推进“公交都市”建设

2010年11月11日，交通运输部与深圳市人民政府签署合作框架协议，深圳成为国家首个“公交都市”示范城市。在交通运输部的大力支持下，深圳市深入开展相关示范工程建设，积极探索深圳“公交都市”的发展战略、模式、路径。市政府出台了《深圳市打造国际水准公交都市五年实施方案》，力争用5～10年时间，基本建成国际水准公交都市。

（二）巩固深圳国家公路主枢纽地位

深圳市是《全国公路主枢纽布局规划》中确立的45个公路主枢纽城市之一，也是《国家公路运输枢纽布局规划》中深莞组合枢纽的重要组成部分。2013年，博深高速和广深沿江高速建成通车，与现有的广深高速、南光高速、龙大高速、梅观高速、深惠高速、深汕高速、东部沿海高速共同构成深圳对接全国运输大通道的公路战略通道体系，“七横十三纵”高快速路网体系基本形成。目前，深圳公路交通发达，基本建成了层次分明、衔接顺畅的现代化路网体系。随着珠三角区域交通一体化和高速公路联网的实现，深圳作为国家级交通枢纽城市的地位进一步巩固。

（三）建设国家级铁路交通枢纽

近年来，深圳铁路建设实现了跨越式发展。2011年年底广深港客运专线广州至深圳北站段开通，2013年建成开通厦深铁路；深茂铁路正在开展前期工作，赣深客运专线正式启动前期研究工作；穗莞深城际轨道将接入深圳机场新航站楼；深圳北站、深圳东站、深圳坪山综合交通枢纽建成使用，深圳地区“两主三辅”铁路枢纽体系初步形成。深圳由铁路尽端型城市向铁路枢纽型城市转变。

（四）建设区域性空港枢纽

深圳宝安国际机场是中国境内第一个实现海、陆、空联运的现代化国际空港。截至2014年年底，深圳机场共有32家客运航空公司，开通客运航线172条，其中国内航线154 条，国际和地区航线18条，通达120个国内外城市，目前平均每天航班量都在800架次以上。深圳机场区域性枢纽功能得到进一步加强。2014年，深圳机场完成旅客吞吐量3627.25万人次、货邮吞吐量96.38万吨、飞机起降28.63万架次，环比分别增长12.4%、5.5%和11.2%。深圳机场在2003年、2007年、2013年旅客吞吐量依次突破1000万、2000万、3000万人次，在十年内成功实现旅客吞吐量千万级别的“三连跳”。深圳机场货运业务量排名全球第24位，其中航空快件在货邮吞吐总量中的比例超过50%，已接近发达国家水平。

（五）建设国际性海港枢纽

改革开放前，深圳港只是我国沿海的一个小渔港，仅有少量千吨左右的码头及内河卸货点，年吞吐量只有10万吨左右。在过去的三十多年里，依托国家赋予的特殊政策和勇于进取的深圳精神，深圳从一个边陲小镇发展成为亚太地区最具活力的现代化城市之一。目前，深圳港拥有港口主要有：蛇口码头、福永码头、盐田码头、赤湾码头、妈湾码头、内河码头、东角头码头、大铲湾码头等。2013年，深圳港已跃升为全球第三大国际集装箱港口。2014年，深圳港继续保持稳定上升的发展趋势，2014年深圳港全港完成货物吞吐量2.23亿吨，其中外贸货物吞吐量为1.84亿吨，同比增长1.21%。深圳港全年的集装箱吞吐量为2403.67万标准箱，同比增长3.26%，再次位居全球第三。

三、发达的综合交通体系需要智能交通的引领

随着综合交通运输体系构建的逐步完善，近年来，深圳迫切需要在城市综合交通运输管理体制上跟上时代形势，促进多种运输方式的协同发展。先进管理经验表明，现代综合交通运输体系需要交通管理方式向数字化、信息化、智能化方向迈进，以满

足现代化交通管理需求，实现各种交通要素之间的高效协同运行。

当今世界先进城市管理者的普遍共识是：交通空间影响城市布局，交通速度决定城市效率，交通品质关乎宜居宜业。现代化、国际化大都市，需要发达的综合交通体系支撑，而发达的综合交通体系，需要智能交通的引领。为此，《深圳市国民经济和社会发展第十二个五年规划纲要》确立了全面建设“智慧深圳”的发展战略，做出了“实施信息化带动战略，把信息化作为创新驱动、产业升级、城市发展的重要支撑”的总体部署，因此，深圳综合交通运输发展在国内首次提出“智能交通引领”的理念，提出了“以信息化、智能化引领全市交通运输行业现代化国际化一体化”的发展思路。

（一）通过信息化智能化提高交通运行效率，缓解城市交通拥堵

面对道路车速不断下降、拥堵范围日益扩大、空间资源和环境资源的紧约束，我们应当通过信息化手段提高交通基础设施的使用效率和路网承载能力，优化交通运输调度和交通组织方式，提升城市交通整体运行水平。

（二）通过信息化智能化提高信息服务水平，提升交通服务品质

在现代化的综合交通运输体系下，市民对信息服务的需求不断提高。通过智能交通系统的建设，构建全方位的公众出行信息服务系统，全面整合和采集交通信息资源，通过各类信息发布媒介，为出行者提供全面的出行信息服务和信息互动，为出行者提供全方位、多模式的信息服务。

（三）通过信息化智能化强化综合交通协同，促进交通一体化发展

根据城市发展的基本规律和城市发展战略的统一部署，深圳交通发展始终以构建国际化现代化一体化综合交通运输体系的目标。通过信息化智能化，整合客流、物流、信息流，加强综合交通运行监测能力，提高综合交通运输体系调控能力，实现各种交通运输方式从独立运行向综合协同运行转变，促进交通一体化发展。

确定“智能交通引领”理念后，深圳始终以国际都市为标杆，通过专题研究、实地调研和学习交流等方式，归纳总结先进经验，研判世界智能交通发展趋势，以助力深圳综合交通体系的建设。

第二节 当今世界智能交通发展情况研判

一、当今世界智能交通发展历程

20世纪60年代，美国开始了智能交通系统的研究。随后，日本、欧洲等国家和地区相继开展了智能交通系统的相关研究，各国政府纷纷成立了智能交通系统管理机构，搭建智能交通体系框架，制订并开展智能交通系统的建设。

（一）美国ITS的发展历程

美国是世界上较早开展智能交通系统框架研究和规划工作的国家。美国的ITS研究工作采用了自上而下的模式，首先研究ITS的体系框架，并通过体系框架引出各子系统及服务功能。

1991年，美国国会通过了“综合地面运输效率方案”，希望通过利用高新技术和合理的交通分配提高整个路网的效率。

1994年，美国建立了智能交通协会（ITS America），协会成员包括联邦政府、各州政府、地方政府、其他国家的政府机构、国际公司、大学、研究机构等。协会的主要目的是帮助政府制订政策、开办论坛、促进国际合作、管理和交换ITS信息等。

1995年，美国开始研究统一的国家智能交通系统体系框架，并正式出版了“国家智能交通系统项目规划”，明确规定了智能交通系统的7大领域及每一领域包含的用户服务功能。

1997年，美国运输部公布了国家智能交通系统体系框架（第一版）。

2001年，美国运输部和美国智能交通协会（ITS America）联合编制的《美国国家智能交通系统10年发展规划》明确了区域间作为一个整体系统的发展建设主题。

2003年，美国政府开始车路协同系统（VII）研究开发。该系统以道路设施作为基础，通过通信技术、信息技术等实现车辆与道路设施的集成，提高道路的交通效率以及交通安全。

2009年，在车路协同系统的基础上，成立了IntelliDrive项目组织，进一步深化车辆与道路设施一体化的研究。同年，美国交通部发布了《智能交通系统战略研究计划（2010—2014）》，为实现综合地面运输体系提供了策略指引。

目前，美国已经建立了较完善的国家ITS系统，有效地缓解了日益增长的交通需求与道路基础设施之间形成的矛盾。美国的ITS系统主要由7个子系统组成，包括出行者与交通信息管理系统、出行者与交通需求管理系统、公共交通运营系统、不停车收费系统、商用车运营系统、应急管理系统和先进的车辆控制与安全保障系统。同时，为了保障ITS各子系统之间的信息流动以及规范接口，美国交通部和相关专业协会、机构制订了ITS标准，包括全国ITS交通通讯标准规范（NTCIP）、美国全国标准研究所制订的标准（ANSI）、美国电子和电机工程师协会制订的标准（IEEE）等智能交通领域的标准。

在智能交通资金投资上，美国投入了大量的资金用于ITS的开发、研究与实施。政府要求将ITS的发展与建设纳入各级政府的基本投资计划之中，大部分资金由联邦、州和各级地方政府提供，为了调动企业和私人对ITS建设的积极性，美国大力开展电子收费和不停车收费系统的研究。

总体来看，美国ITS的建设取得了比较明显的效果，在基础投资成本、运输效益等方面都有很大的提高。

（二）日本ITS的发展历程

20世纪70年代，日本开始智能交通系统研究。通过官、民、学的协调体制来推动ITS的发展。

1973年，日本开始了第一个ITS的项目研究——汽车综合控制系统（CACS），该系统主要提供动态路径诱导服务。由于完成时期过早，并未实际投入使用。但通过该项目的研究，日本在城市公路网的动态路线引导方法及相关技术方面积累了大量的经验。

20世纪80年代，日本运输省等政府部门组织上百家企业会同大学和研究机构进行大规模联合开发，极大推动了ITS的发展，日本ITS研究进入了快速发展阶段。为全面提高交通管理水平，日本成立了交通管理技术协会（JTMA），开展汽车交通信息控制系统（ATICS）的研究。在此期间，日本政府联合了民间企业一起研究了路车通信系统（RACS）和先进的汽车交通信息通信系统（AMTICS）。

20世纪90年代，日本的ITS工作进入了全面发展阶段。1991年，日本开始重视ITS标准化建设，开展了ITS标准全面制订，日本汽车委员会被指定为制订标准秘书单位。1992年，日本警视厅、邮电省和建设省开始进行系统的研究和规划车载动态交通信息与导航系统（VICS），VICS系统主要将实时的路况信息和交通诱导信息通过调频广播系统、无线传输、导航设备等方式多渠道发布交通信息传送给交通参与者，为驾驶员提供道路交通情报，保持道路交通安全流畅。1994年，日本警视厅、通产省、运输省、邮政省和建设省5个政府机构联合大学、科研机构和民间企业成立了道路车辆智能化推进协会（VERTIS），推进日本ITS的发展。1995年，日本的通产省等五个政府部门制订了道路、交通和车辆的信息化实施方针。同年，开始研发不停车收费系统（ETC），该系统主要通过专用短程通信技术实现了不停车收费。1996年，日本政府制订了智能交通系统综合规划并着手开发国家智能交通体系框架。在《日本智能交通系统框架体系》的指导下，日本新交通系统由一个具有高性能的核心性综合交通控制中心和9个子系统、21个项目、56个专题、172个子专题组成。其中9个子系统包括：公交优先系统、交通信息提供系统、综合智能图像系统、安全驾车辅助系统、行人信息通信系统、紧急车辆优先系统、不停车收费系统、动态车载导航系统和车辆行驶管理系统。

21世纪初期，日本开发了智能道路系统和先进安全型汽车系统。该系统以ETC系统通信平台为基础，将VICS系统、车载安全系统、可变情报板、信标等系统及交通基础设施集成为一体，通过搭建公众基础平台为公众提供智能交通服务。

（三）欧盟ITS的发展历程

欧盟ITS的开发研究和应用工作主要由欧盟联合各国民间企业机构共同推进建设。

20世纪80年代中期，西欧国家共同合作开展了一项名为“尤里卡”（Eureca）的高科技研究与开发计划。计划制订了含交通技术在内的九大研究领域，包括以车辆的研究开发为主体的PROMETHEUS研究计划、以道路基础设施开发为主体的DRIVE研究计划。1985年，欧盟成立了欧洲道路运输信息技术实施组织(TRICO)，开展实施智能道路和车载设备研发计划。

20世纪90年代初，欧盟开始重视智能交通标准化建设。为了规范欧洲ITS的发展，欧盟成立了欧洲道路运输通信技术实用化促进组织（ERTICO），该组织主要任务是研究和制订智能交通的相关标准，推动交通运输的智能化，协调并支持欧洲ITS的建设。

21世纪初期，欧洲智能交通的建设开始注重于用户的需求，开展了道路交通设施和交通信息服务系统等一系列的研究。2006年，欧洲投资了4400万欧元开展合作性车辆基础设施一体化系统（CVIS）研究，通过该系统开发，实现车车通信和车路通信，为出行者提供出行信息服务，改善路网运行效率。

（四）经验总结与借鉴

从国外智能交通系统的发展历程可以看出国外智能交通系统的建设注重体系架构以及标准化建设，经验总结可概括为以下几个方面。

1. 注重研究开发系统体系架构

智能交通系统的体系研究、整体规划和设计对于ITS的建设尤为关键。美国建立了智能交通协会（ITS America），制订了国家智能交通系统体系框架，并正式出版了“国家智能交通系统项目规划”，确定了美国国家ITS体系结构由七大系统构成；日本成立了交通管理技术协会（JTMA）以及成立了道路车辆智能化推进协会（VERTIS），积极推进日本ITS的发展。同时，日本政府也通过制订智能交通系统综合规划和开发了国家智能交通体系框架，明确日本国家ITS体系结构的九大系统，并通过体系框架指导智能交通系统的建设；欧盟成立了欧洲道路运输信息技术实施组织(TRICO)，开展实施智能道路和车载设备研发计划。

2. 注重制订系统的规范与标准

美国、日本、欧盟都注重制订系统的规范与标准。美国交通部和相关专业协会、机构制订了与ITS相关的7项标准；日本于1991年12月开始ITS标准全面制订，日本汽车委员会被指定为制订标准秘书单位；欧盟成立了欧洲道路运输通信技术实用化促进组织开展智能交通的相关标准的研究和制订工作。

3. 注重政企合作共建智能交通系统

美国、日本、欧盟在智能交通系统的建设过程中，都注重联合企业界以及一些高校共同开发智能交通系统。通过创建新的投资机制，积极调动企业、高校参与，加速智能交通系统的研发、建设和应用。

借鉴美国、日本、欧盟等发达国家或地区在智能交通系统建设的发展经验，深圳市交通运输委员会结合自身发展条件，按照“建体系、立模式、编规划、定标准”的思路，走出了一条具有自己特色的发展道路。

二、当今世界智能交通发展趋势研判

（一）应用领域：从道路交通智能化向综合交通运输智能化延伸

自20世纪60年代美国开始提出智能交通系统框架，日本及欧洲一些发达国家纷纷围绕道路交通安全管理、道路运输效率和路况信息服务等方面出台智能交通发展计划。随着各国综合交通运输体系建设的日趋完善，智能交通从道路领域向海、陆、空、铁等领域延伸，逐步向协同多种交通运输方式的应用发展（图1-3）。

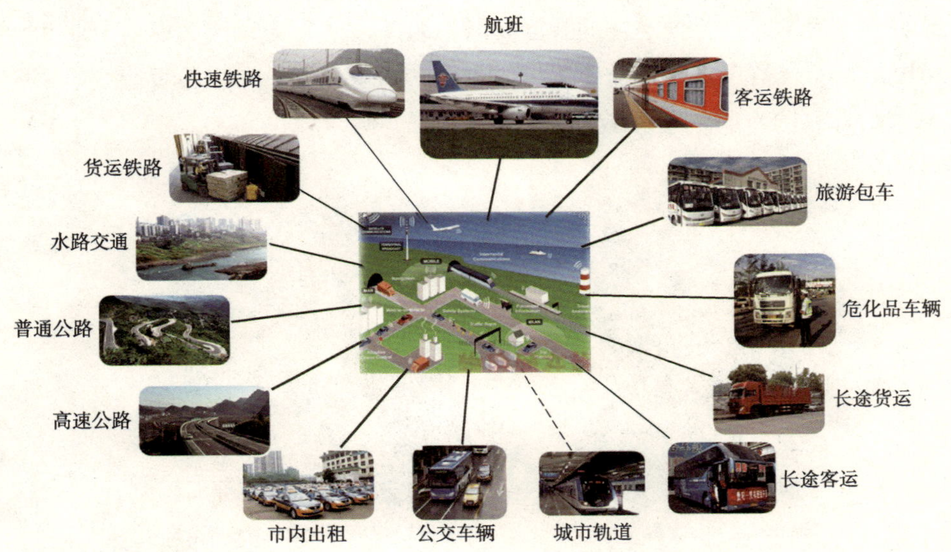

图1-3 多种运输方式协同发展

（二）发展模式：智能交通系统从单一功能向综合应用转变，数据汇集、共享和集成开发成为发展趋势

随着交通发展水平的不断提高，单一功能的系统已经不能支撑综合交通运输体系的构建，各国启动数据共享，汇聚交通行业内部及与交通行业相关的数据资源并对数据进行集成开发利用。图1-4为韩国和英国数据中心构建理念。

韩国首尔交通指挥部

英国公路局数据中心

图1-4　韩国和英国数据中心构建理念

（三）技术创新：从互联网技术应用向物联网云计算技术应用转变

随着大数据、分布式并行计算、云存储等物联网技术的日趋成熟，韩国提出“泛在、透明、可信”的“无处不在的智能交通”服务，欧、美、日的通信企业和汽车企业也加快了下一代信息技术在交通领域的应用，着手开发新一代的智能交通系统。图1-5为新加坡和韩国智能交通系统发展模型。

新加坡物联网概念图

韩国TAGO综合交通信息服务系统

图1-5　新加坡和韩国智能交通系统发展模型

第三节 深圳智能交通发展总体概况

一、深圳智能交通发展体制背景

2009年，根据中央机构编制委员会批复的《深圳市人民政府机构改革方案》，深圳市实施“大部制”改革，组建了深圳市交通运输委员会，统一了全市城市道路、公路管理主体，集成了规划、建设、养护、管理等交通运输纵向职能，实现了全市交通运输全方位、全覆盖统筹管理，在国内率先建立了统一负责的“陆、海、空、铁、口岸”对外交通和城市交通的大交通管理体制，并开始了交通管理理念及体系上的一系列转变，为“大交通”管理体制下交通一体化管理提供了体制机制保障。图1-6为深圳市交通运输委员会职能调整图。

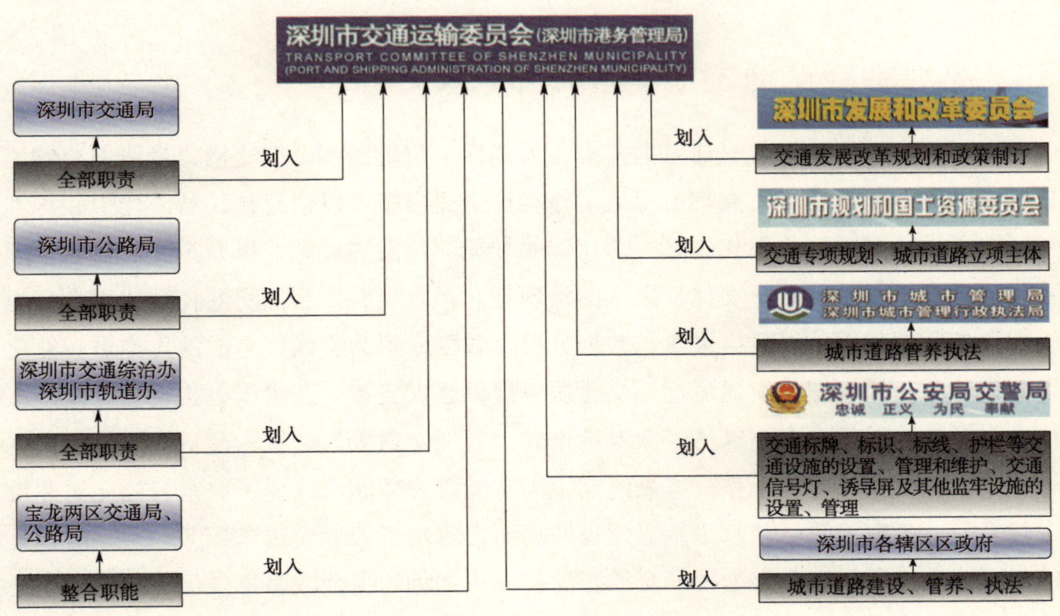

图1-6 深圳市交通运输委员会职能调整图

大部制改革前，深圳市智能交通建设主要以视频监测设备建设为切入点，逐步推进计算机技术和通信技术在交通政务信息化中的应用，信息化基础薄弱，数据和服务非常落后。

大部制改革后，深圳成立大交委，实现了对智能交通系统从“政策、规划、设计、投资、建设、管理、服务、应急”等各个环节的职责进行一体化的纵向整合；对规划、标准、资金、数据、软硬件设备设施等由综合部门对公共资源进行横向综合统筹，确保智能交通发展与综合交通发展协调一致。2010年，深圳市发展与改革委、交通运输委、公安局交通警察局联合组织编制《深圳市智能交通“十二五”规划》。市交通运输委组织编制《深圳市交通信息服务体系规划》，并成立了深圳市智能交通标准化技术委员会，目标是构建现代城市综合交通运输体系，开展深圳市新一代智能交通“1+6”建设工程。随后，深圳智能交通发展步入快车道，迅速形成独特的发展理念和体系框架，并紧跟时代发展特点，采用最新技术构筑了完备的信息化智能化发展体系。

在这一系列体制背景和发展背景下，深圳智能交通的核心发展理念逐步清晰，治理理念得以凝练，主要工作脉络得以创新，实现了跨越式发展。

二、深圳智能交通发展理念

面对深圳城市的综合交通发展需求，为确保全市道路网、公交网、轨道网、物流配送网的安全稳健运行，深圳市交通运输委员会提出了“以信息化、智能化引领深圳综合交通运输国际化、现代化、一体化”的智能交通发展理念，以及把交通运输管理工作建立在“科技+制度+文化”之上的治理理念，重点突出智能交通在现代综合交通管理中的重要作用，以数据采集、数据分析、数据应用为主线，全面深入推进智能交通建设，为交通管理、交通运行、交通服务提供强大支撑。在组织机构设置方面，深圳市交通运输委员会在全国第一家专门设立“智能交通处”，统一负责全市智能交通规划、设计与实施管理工作，率先建立了大智能管理体制，改变了原来智能交通建设主体多元、各自为政、低水平重复建设的局面，解决了智能交通资源多、小、散、乱的问题，发挥了全市各类型智能交通资源的集成优势和组合效率，强化了智能交通公共服务产品的优质供给。

本章小结

作为改革先锋城市，深圳在短短三十年时间内，城市综合交通体系日趋完善。按照长远发展与近期综合管理相结合的思路，深圳近年来正着眼于发挥“智能交通的引领”作用，围绕“深圳质量品质交通”，以“信息化智能化引领深圳综合交通运输现代化国际化一体化”为发展理念，着力构建全球性物流枢纽城市、国际水准公交都市和国际化、现代化、一体化的综合交通体系，为深圳建设创新型现代化国际化城市提供支撑。

第二章

深圳智能交通体系总体框架

在大部制体制刚刚改革的背景下，深圳就确立了“以信息化智能化引领综合交通运输现代化国际化一体化”的智能交通发展理念。为落实智能交通发展理念，深圳市制订了相配套的智能交通发展体系架构，包括总体架构、应用体系架构、标准体系架构、总体技术架构等。结合深圳规划、交通、交警等部门的信息化智能化需求，深圳确定了“1+6”智能交通总体架构。在总体架构基础上，通过结合交通行业管理和应用需求，确定了交通运输行业智能应用体系架构，并构建了智能交通标准体系架构；通过结合当时和预判未来一段时间的技术发展特征，搭建了智能交通总体技术架构。一系列体系框架的建设，保障了智能交通后期的跨越式发展。有些成果即便是面向未来几年也是适用的。

第一节　深圳智能交通总体架构

“以信息化智能化引领综合交通运输现代化国际化一体化”的理念为深圳智能交通发展搭建了一个新的平台。深圳的大交通管理模式在国内当时无任何现成套经验可以借鉴，面向大交通模式的智能交通建设更“是摸着石头过河”，迫切需要解决综合、科学、先进、可持续几个核心问题。为此，深圳市交通运输委联合深圳市规划国土委、深圳市公安交警局等部门，在深入细致调研全市智能交通需求的基础上，提出了深圳智能交通发展的第一个基本原则——整合，也即面向深圳“智慧城市”战略和综合交通协同发展目标，全面整合规划、交通、交警等部门的智能化需求，构建一个符合深圳特色的智能交通总体架构。经过近一年的反复调研论证，最终确定构建了“1+6”智能交通总体架构，即“一个平台、六大系统”（图2-1）。其中“一个平台”即交通信息交换平台，“六大系统”包括交通综合监测系统、道路交通综合调控系统、交通运输管理系统、交通运行指挥系统、公众出行信息服务系统及交通规划和仿真决策分析系统。

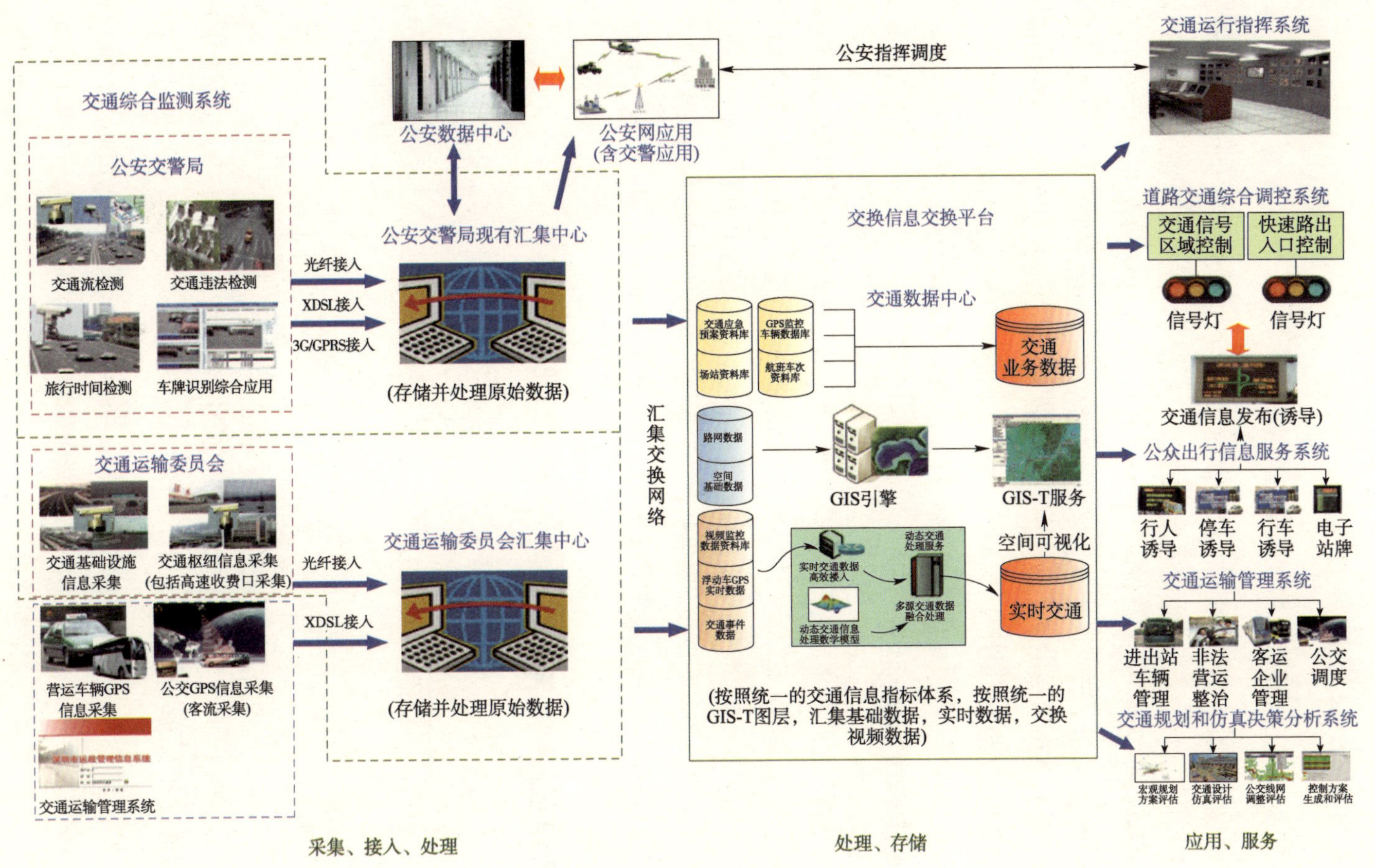

图2-1 深圳市智能交通系统工程总体架构图

一、交通信息交换平台

深圳市交通信息交换平台以深圳市交通运输委员会网络、交通警察局网络、深圳市电子政务网络等交通信息网络为基础，通过建立可整体支持综合交通业务的交换平台实现交通基础设施信息、个人车辆运行信息、客货运车辆信息等各种交通信息的共享及交互；并通过建立综合交通数据资源中心与T-GIS资源中心形成交通信息统一视图为交通规划与建设、交通业务管理与服务、综合运行指挥、公众出行信息服务等各种系统提供统一的数据支持。平台主要由汇集交换网络、交通数据中心、交通数据交换平台、视频交换平台四部分组成。

二、交通综合监测系统

交通综合监测系统综合集成交通行业的各种信息采集方式，搭建涵盖静态设施信息、动态运营信息以及视频监控信息于一体的综合信息监测网络，采集范围覆盖高速公路、城市快速路、主干道以及场站、枢纽和重点区域等，基本实现全市交通基础设施和交通运行状态信息的全面采集。系统主要由闭路电视监控子系统、车牌识别综合应用子系统、交通事件检测子系统、交通基础设施监测子系统（T-GIS）以及场站及枢纽监测子系统组成。

三、交通运输管理系统

交通运输管理系统自动收集公交、出租、危险品运输等营运车辆在经营行为中产生的速度、地点、时间、客流、视频等数据，通过处理分析，服务于运行车辆监管、投诉处理、公交运行监测监控、危险品运输管理等多个领域，全面提升交通运输行业的监督、管理和决策水平。系统主要包括交通运输行业GPS监管子系统、智能公交协同运行监测子系统、危险品运输监管子系统三个子系统。

四、交通运行指挥系统

交通运行指挥系统汇集交通运输基础信息、动态信息、交通管理信息及行业监控信息，对全市交通运行进行监控的同时对各类突发事件进行实时处置、指挥，对交通运行状态进行分析，提高联动指挥能力和应急管理水平。

五、道路交通综合调控系统

道路交通综合调控系统以快速路控制、区域联动控制、公交优先控制为手段，以交通诱导信息发布为辅助，通过各种交通控制手段的有机联动，对交通流进行有效调控，达到减少交通拥堵，防止交通事故，提高交通整体运行效率的目的。

六、公共出行信息服务系统

公共出行信息服务系统通过手机、门户网站、广播电台、电视、户外诱导屏等多渠道实时为市民发布交通信息，便于市民选择合理出行方式和出行时间。

七、交通规划和仿真决策分析系统

交通规划和仿真决策分析系统主要提供交通规划、设计方案评估、交通组织优化及区域仿真评价以及城市交通应急仿真功能，为交通管理部门提供决策支持。

“1+6”智能交通总体架构的明确，保障了深圳智能交通的协调性发展，确保了后续分板块发展的协同一致。在这一总体框架的指导下，深圳几大部门智能交通建设百花齐放，有效避免了重复建设，真正促进了综合交通的协同一体化发展。

第二节　交通运输行业智能交通应用体系架构

在确定“1+6”智能交通总体架构后，面对深圳交通运输行业点多、线长、面广、体大、事杂的特点，为了从中观层面进一步落实总体框架的功能要求，深圳市交通运输委结合大交通体制下管理对象的内在特点和综合交通的组织特征，“以需求为导向、标准为导向、市场为导向”，在全面梳理交通运输行业分类发展需求的基础上，构建了深圳市“1+4”的智能交通应用体系架构（图2-2）。“1+4”指一个综合交通数据中心和智能公交、智能设施、智能物流、智能政务四大应用平台。这一应用体系架构是在总体架构上，为了实现总体架构的功能要求，构建的中观层面的应用体系架构，确保“以交通的思维推进智能、以智能的建设促进交通”。

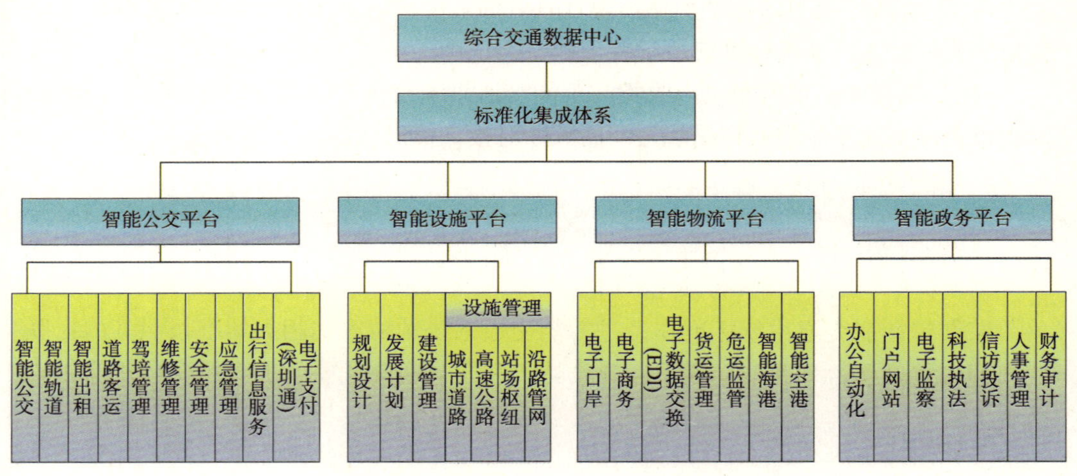

图2-2　智能交通（1+4）应用体系框架图

架构应用至今，有力地保障了深圳市“十二五”期间智能交通项目规划、立项、设计的高效推进，确保了智能交通建设能统能分，为全市智能交通管理机制创新和应用技术创新提供了基础支撑，为智能交通的快速可持续发展提供了保障。

第三节　深圳智能交通标准体系架构

深圳在智能交通标准化建设过程中进行了积极探索和大胆创新，通过循序渐进、不断完善的发展规划和加速推进的实体建设，建立了一个科学、合理和完善的智能交通系统标准体系，使得纳入体系内的各类标准更加结构合理、层次分明、科学有序，对引导“十二五”时期深圳市智能交通系统领域科学发展发挥了重要作用。

一、编制目的

标准体系的编制目的主要包括以下方面。

（1）从顶层设计的角度，构建层次清晰、分类合理的深圳市智能交通系统标准体系结构框架，勾勒深圳市智能交通系统标准发展蓝图，为编制深圳市智能交通系统标准化工作中长期规划提供依据。

（2）从具体应用的角度，梳理现行有效的智能交通系统标准，确定各标准在结构框架中所处位置，便于标准的科学管理和查询使用。

（3）从协调拓展的角度，收集与智能交通系统紧密关联的信息化标准，用于促进深圳市智能交通系统与其他系统之间的顺畅对接、信息交互、资源共享。

二、编制原则

深圳市智能交通系统标准体系是智能交通系统领域内的相关标准按照其内在联系梳理形成并体现深圳智能交通系统建设特点和发展实际的科学的有机整体。它以“中国智能交通系统体系框架”和“交通信息化标准体系框架”两个国家级体系的层次结构和内容组成为参考，并适度反映深圳市智能交通系统的建设需要，既保证国家智能交通系统的整体性和连贯性，又考虑地方行政管理体制下的可操作性和可实现性。本标准体系主要遵循了以下编制原则。

1. 科学性原则

通过大量的标准、文献、资料以及实地调研工作，努力使体系达到分类科学、层次清晰、结构合理，并适应深圳市智能交通系统发展实际。同时，由于智能交通系统本身正处于更新和发展过程中，标准体系编制过程中也力求体现可分解性和可扩展性。

2.先进性原则

标准体系致力于为深圳市智能交通系统建设提供标准化指引，有效提升深圳交通运输发展的科学化水平。体系构建中注重把握国家智能交通系统未来发展方向，将关键环节和支撑技术纳入标准体系的结构化内容中，尽量包含和反映相关领域的最新技术成果，展示标准体系实施目标的高水平。

3. 适用性原则

在标准体系框架设计上，面向深圳市智能交通系统的规划建设及行政管理实际，提高标准体系在应用层面的针对性。在标准明细表编排上，主要收录相关国家标准、行业标准，还收录部分地方标准和深圳市技术标准文件，并在编排上结合各级标准的层次关系，提高标准题录查阅的规律性和便捷性。

4. 地方性原则

标准体系在遵循国家级体系框架基础上，适度结合深圳市智能交通系统的结构组成，尽量体现地方特色。从标准体系所覆盖范围的确定，标准体系总体框架的设计，到最终标准明细表的筛选填充，均始终依托深圳市智能交通系统规划和建设的实际，满足调研过程中获取的相关标准化需求。

三、编制依据

本标准体系的编制主要依据以下指导文件：

（1）《中国智能交通系统体系框架》；

（2）《交通信息化标准体系》（征求意见稿）；

（3）《标准体系表编制原则和要求》（GB/T 13016—2009）；

（4）《深圳市综合交通“十二五”发展规划》；

（5）《深圳市智能交通“十二五”规划》。

四、内容说明

智能交通系统是一个综合性技术领域，也涉及通信、控制、信息等技术，因此深圳市智能交通系统标准体系表中也包含有其他有关领域的相关标准。

（1）对于已经发布的国家标准和交通运输行业标准，本标准体系表均列入使用，对于除广东省外的其他省市地方标准，可参阅其技术内容吸纳或参照使用。

（2）“深圳市智能交通系统标准体系”与“交通信息化标准体系”既相互独立又有一定的联系，同时与“物流信息标准体系”“公路工程标准体系”“集装箱标准体系”等也都存在一定的交叉情况。

五、标准体系架构

（一）体系框架模型

深圳市智能交通系统标准体系框架模型如图2-3所示，X′Y′形成一个二维面，作为

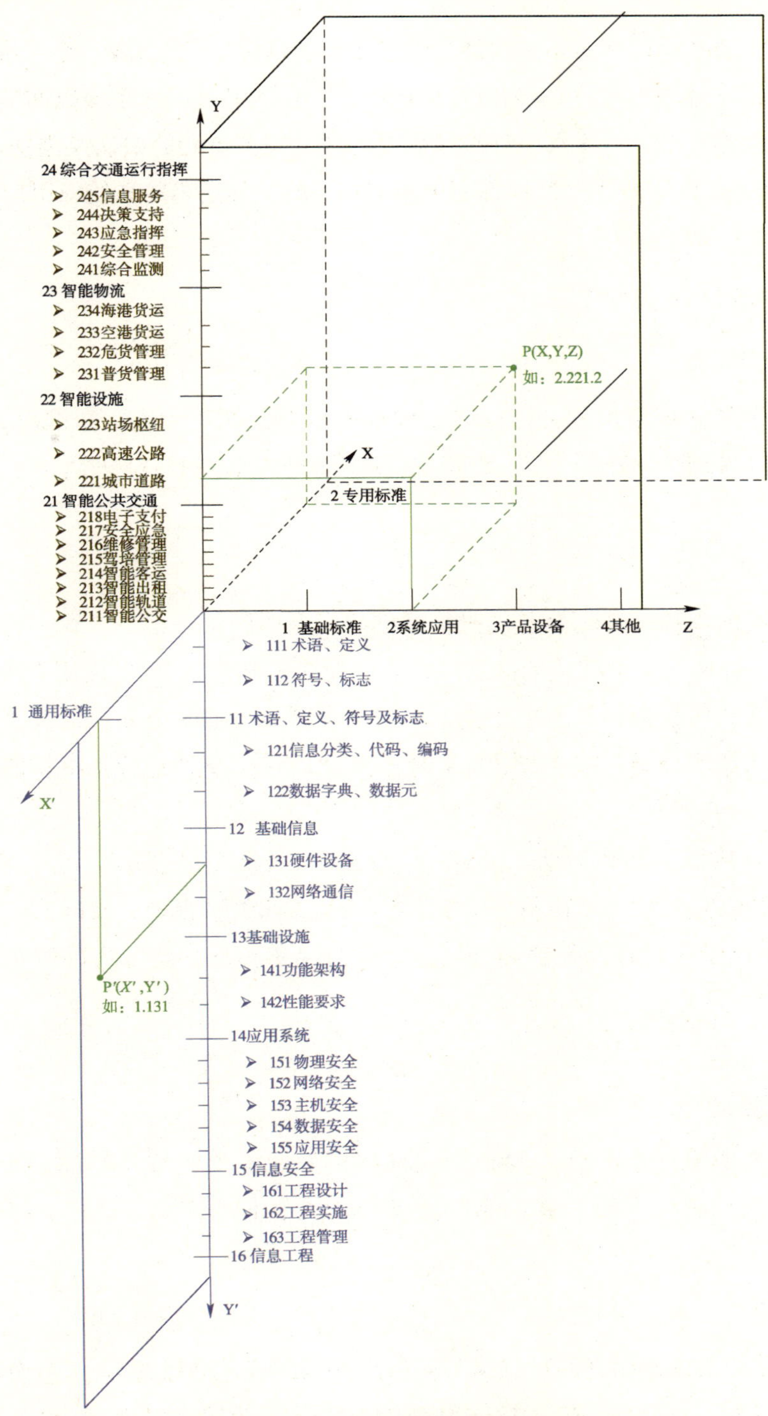

图2-3 深圳市智能交通系统标准体系结构框架模型

深圳市智能交通系统标准体系中的通用性基础支撑部分。XYZ形成一个三维体，是深圳市智能交通标准体系的专用性应用指引部分。框架模型通过体系编码间的关系建立起一个虚拟坐标系，可直观识别出标准体系中的任一组成单元的层次及类别，如P点坐标为（2.221.2），即为专用标准属性层中的城市道路主体层内的系统应用功能区。

（二）体系层次结构

1. 属性层

按照标准的属性定位划分，同时构成框架模型图的第一维，即编码为“1通用标准”和“2专用标准”的两个子类，分别对应于 XX′轴X方向和X′方向。

2. 主体层

按照标准的主体内容划分，同时构成框架模型图的第二维，即编码为“11术语、定义、符号及标志”、“12基础信息”、“13基础设施”、“14 应用系统”、“15信息安全”、“16信息工程”六个子类，其对应于YY′轴上的Y′方向；以及“21智能公共交通”、“22智能设施”、“23智能物流”、“24综合交通运行指挥”四个子类，其对应于YY′轴上的Y方向。

主体层可按照主体内容进一步细分，如“21智能公共交通”可分为211智能公交、212智能轨道、213智能出租、214智能客运、215驾培管理、216维修管理、217安全应急、218电子支付，其他类别亦可根据自身涵盖标准的实际情况按照一致规则逐层细化。

3. 功能层

从标准的功能特征划分，同时构成框架模型图的第三维，即编码为“1基础标准”、“2系统应用”、“3产品设备”、“4其他”的四个子类，对应于Z方向。

（三）体系分类编码

标准体系分类编码由体系层次编号和标准序号组成，并以符号“.”分隔，如，标准体系号X（X′）.Y（Y′）.[Z].n中，第1位编码X（X′）为属性层分类编号，第2位编码Y

（Y′）为主体层分类编号，第3位编码[Z]为功能层分类编号，第4位编码n为给体系单元标准序号。

（四）结构框架图

深圳市智能交通系统标准体系结构框架图由体系框架总图和子体系框架图构成。其中，框架总图如图2-4所示，同时，图2-5至图2-8是图2-4中“2 专用标准”分类下的细化分解子体系框架图。

六、已发布标准

目前，深圳智能交通标准化建设已发布相关标准13项，其中有2项标准拟上升为交通运输部行业标准。

（1）SZDB/Z 30—2010《公交智能调度系统 车载调度终端》。

（2）SZDB/Z 35—2011《公交智能调度系统 平台规范》。（注：拟上升为交通部标准）

（3）SZDB/Z 36—2011《公交智能调度系统 通信协议》。（注：拟上升为交通部标准）

（4）SZDB/Z 57—2012《危险货物运输车车载智能终端技术规范》。

（5）SZDB/Z 58—2012《重型货车车载智能终端技术规范》。

（6）SZDB/Z 59—2012《长途客车车载智能终端技术规范》。

（7）SZDB/Z 60—2012《客运包车车载智能终端技术规范》。

（8）SZDB/Z 63—2012《出租车计价器技术规范》。

（9）SZDB/Z 65—2012《出租车车载智能终端技术规范》。

（10）SZDB/Z 67—2012《综合交通枢纽智能化设施通用要求》。

（11）SZDB/Z XX.1—2014《交通运输行业卫星定位应用服务平台 第1部分：总则》。

（12）SZDB/Z XX.2—2014《交通运输行业卫星定位应用服务平台 第2部分：通讯协议》。（注：已完成报批稿，待标准管理部门批准发布）

（13）SZDB/Z XX.3—2014《交通运输行业卫星定位应用服务平台 第3部分：服务评价》。

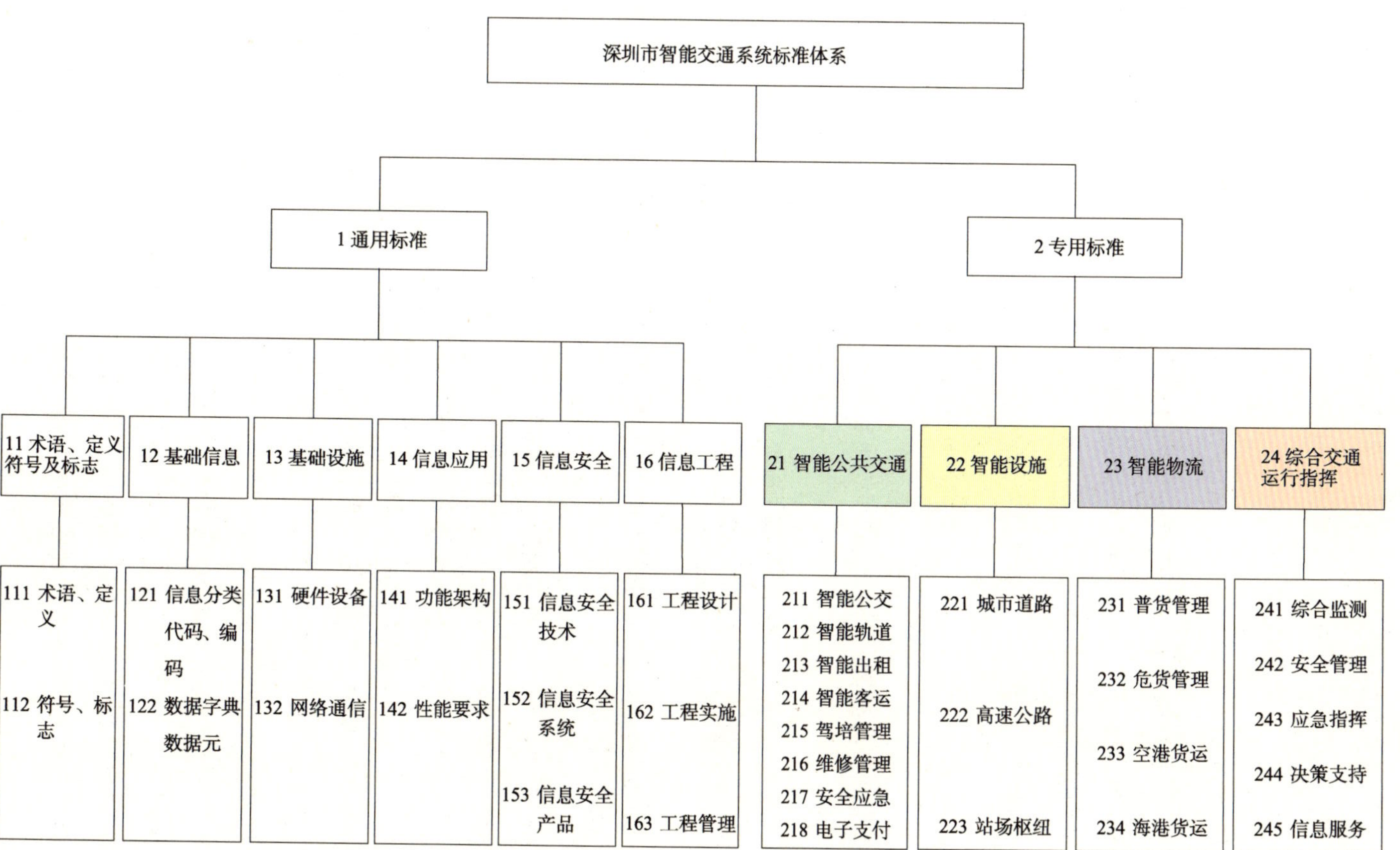

图2-4 深圳市智能交通系统标准体系框架图

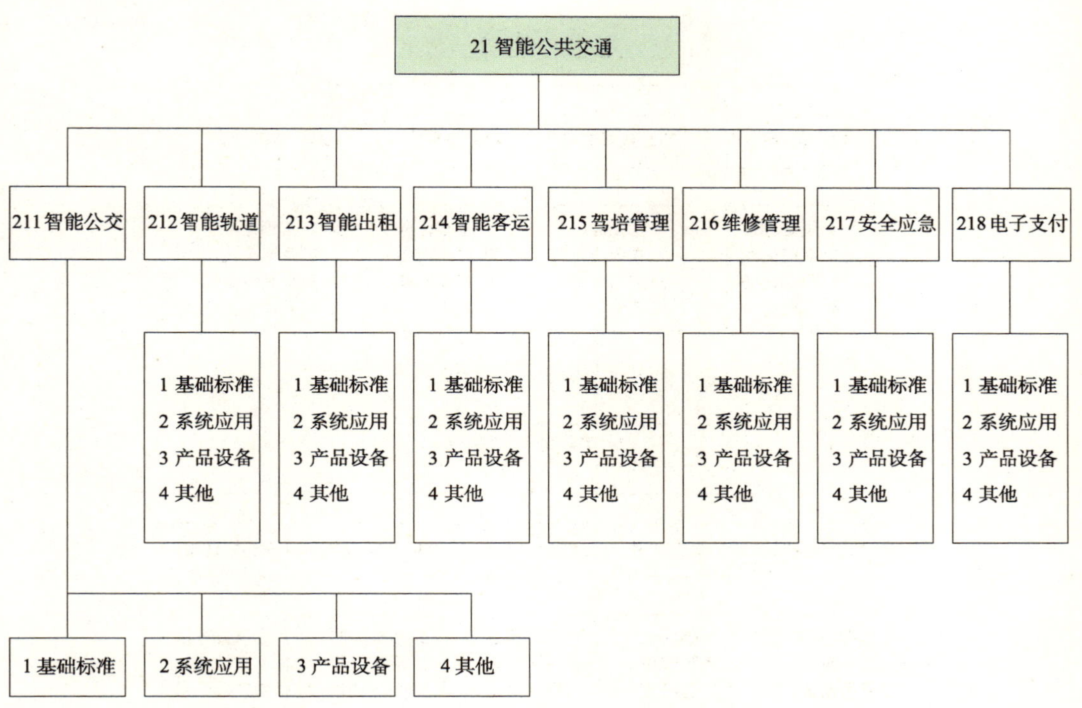

图2-5 智能公共交通子体系框架图

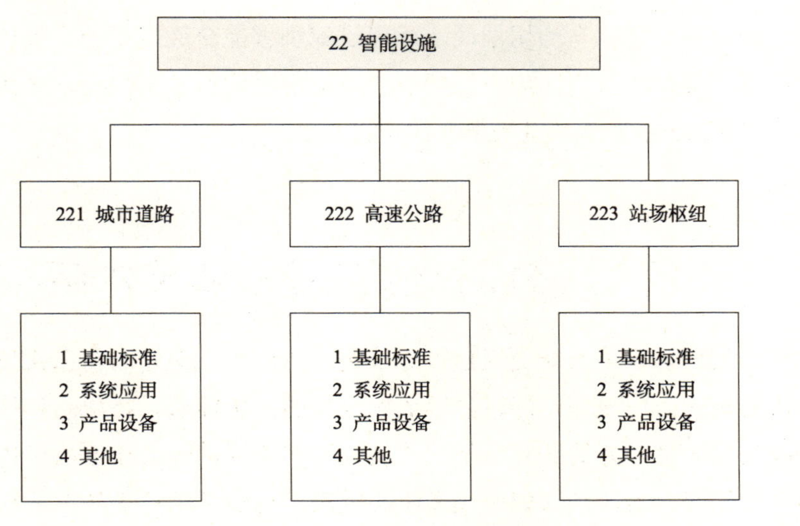

图2-6 智能设施子体系框架图

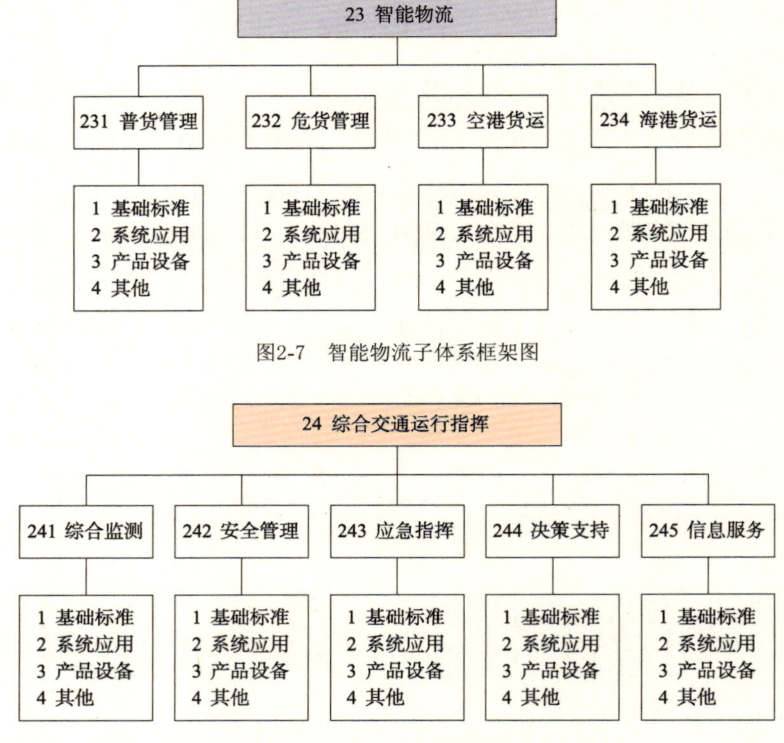

图2-7 智能物流子体系框架图

图2-8 综合交通运行指挥子体系框架图

标准体系架构的建立从应用层面上确保了深圳智能交通应用的一致性，解决了技术平台中共享、接口、效用因为不同的解决方案而不同的混乱局面，简化了技术平台的复杂性，有效保证智能系统建设的有序可控高效。

第四节 深圳智能交通总体技术架构

标准体系架构解决了智能交通建设标准统一的问题。但随着信息化技术的快速更新，迫切需要构建面向现在，同时能够兼顾未来的技术体系，搭建总体技术架构，以确保各系统技术先进，并能够有良好的扩展性和移置性，保证技术的可持续演化，降低运维的复杂程度。为此，深圳通过多年的摸索，构建了由技术体系架构、技术逻辑架构、信息管理架构、网络体系架构四部分组成的智能交通总体技术架构。

一、技术体系架构

深圳市智能交通系统技术体系架构基于“云环境”的城市综合交通信息集成、服务及应用的体系，包括“一个中心、两个平台、六个云体系”（图2-9）。其中：一个中心为综合交通数据资源中心，全面集成了深圳市海、陆、空、铁、口岸“五位一体”多源综合交通大数据；两个平台分别为面向政府部门的交通规划、建设、管理决策支持平台和面向公众的出行信息服务平台；六个云体系包括数据采集云汇聚体系、交通数据云存储体系、交通运行云监测体系、云计算数据分析体系、交通云仿真评价建模体系、在线同步云发布体系。

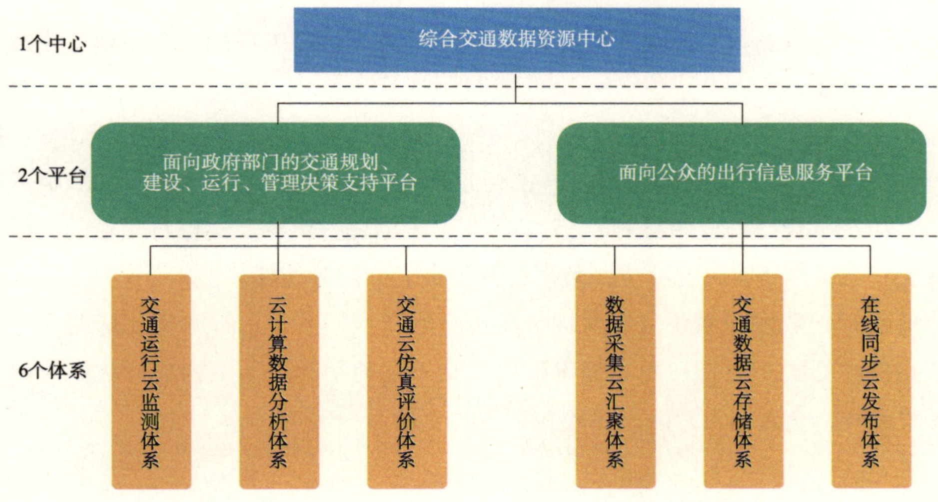

图2-9 深圳市智能交通技术体系架构图

（一）综合交通数据资源中心

综合交通数据资源中心可实现全局数据的统一，提高信息资源利用水平，为各项工作提供综合的查询、分析和信息发布服务。综合交通数据资源中心以交通数据的采集和存储为基础，信息采集模块采集的信息有32大类75项，覆盖海、陆、空、铁、口岸等出行方式，每日采集记录数2.3亿条；信息存储模块采用中国科学院深圳先进技术研究院交通数据云存储平台存储。

（二）面向政府部门的交通规划、建设、管理决策支持平台

面向政府部门的交通规划、建设、管理决策支持平台为交管部门提供决策支持，提出交通拥堵指数等评价指标，实现城市交通的综合指挥，为大众出行提供服务。平台的建设依托于交通数据信息资源中心，在海量数据存储和分析的基础上，建立了深圳宏观、中观、微观模型和基于平台的仿真系统，对深圳市的城市交通环境、道路交通状况、各项交通需求等进行数据分析和仿真建模，为科学、合理的优化交通规划与政府决策、城市管理和社会服务提供科学支撑，更好的满足企业和市民日益增长的交通和交通信息需求。

1. 交通运行云监测体系

交通运行云监测体系由深圳市交通运输行业GPS综合监管系统、交通运行指数发布系统等系统组成。

深圳市交通运输行业GPS综合监管系统对深圳市内1.6万辆常规公交GPS数据、16814辆出租车、3145辆旅游包车、1542辆市际客车、1064辆省际客车、2087辆危险品车辆、21707辆重型货车、9215辆泥头车等营运车辆进行监测，实现对车辆的实时监控和信息交互、道路实时路况分析、数据管理和报表分析等功能。

交通运行指数发布系统依据深圳市城市空间特点，基于出行时间的道路交通运行指数为指挥中心的交通指标发布提供依据，从不同的空间层面上构建评估指标体系，整体反映路网、交通热点片区、路段和节点的交通运行水平。

2. 云计算数据分析体系

云计算数据分析体系主要是实现交通数据的分析。通过利用大数据分析技术，实现了交通客流分析，并通过分析海量交通信息，完成了城市交通建模。数据挖掘技术支撑了交通流预测与交通信息发布。大数据分析与挖掘技术由数据基础平台支撑，实现数据的采集和存储。在数据平台的基础上，通过客流建模、交通建模、数据挖掘、城市建模对交通状况进行分析，最终实现交通信息的发布。

3. 交通云仿真评价体系

交通云仿真系统利用公交、地铁、出租车及公众手机信号等数据，通过云计算、

人工智能、数据挖掘和机器学习等技术、方法，对深圳市的城市交通环境、道路交通状况、各项交通需求等进行数据分析和仿真建模，构建数字化交通平台，科学、合理的优化交通规划，为政府决策、城市管理和社会服务提供科学支撑，也作为数字城市的一部分，更好的满足企业和市民日益增长的交通和交通信息需求。

（三）面向公众的出行信息服务平台

面向公众的出行信息服务平台依托交通数据信息资源中心与交通运行指挥中心，利用互联网技术、无线通讯技术、智能手机移动互联技术，开发多渠道实时综合交通信息服务平台，构建深圳市公众出行信息服务体系，满足社会公众日益增长的实时、便捷、高效获取综合交通信息服务的需求。

1. 数据采集云汇聚体系

数据采集云汇聚体系依托交通基础信息共享平台（T-GIS）进行建设，T-GIS平台以全市基础GIS数据和社会经济数据为支撑，利用RS遥感、无线通信、GPS定位等技术叠加综合交通基础及业务应用所需要的GIS数据，包括交通网络、交通设施、交通相关属性、运行在交通网络上的人和物的空间移动、空间调度、运输网络管理等，可实现满足于综合交通管理与应用所需的电子地图浏览、信息查询、接口应用、数据管理、数据共享、业务支撑、决策支持、建模仿真支撑等应用功能。

2. 交通数据云存储体系

交通数据云存储体系为政府部门提供辅助决策支持、为公众交通信息服务提供数据支持，并为实现与省、其它地市ITS的互连互通提供条件。交通数据存储中心有可行的数据采集机制、数据更新机制、数据共享机制，从根本上保证交通信息资源的全面规范采集、及时有效更新、合理共享应用。

3.在线同步云发布体系

在线同步云发布体系主要包括“交通在手”手机APP应用、《全景大交通》电视节目、门户网站“e行网”、户外综合交通信息发布屏等。

二、技术逻辑架构

深圳市智能交通技术逻辑架构由感知层、数据源层、传输层、数据处理层、支撑层以及应用层组成（图2-10）。

三、信息管理架构

深圳市智能交通系统信息管理架构分为基础支撑层、数据存储层、业务管理层及接口服务层共四个层次，同时，提供一个交通地理信息管理平台、数据处理系统等两个集成系统，并提供相应的规范体系支撑。信息管理架构图如图2-11所示。

1. 基础支撑层

基础支撑层提供集成的硬件架构，以及数据库和GIS平台的运行环境。

2. 数据存储层

数据存储层采用结构化或非结构化的方式存储多种GIS基础数据、交通相关的基础业务数据、应用系统的管理数据，作为上层功能应用的基础。

3. 业务功能层

业务功能层实现地图数据、空间查询、空间分析等基础GIS服务功能。实现路径规划、公交换乘、POI搜索等公共地理基础应用服务功能。同时，实现数据交换、专题服务、实时数据服务等交通基础业务服务功能，满足业务应用的需求。

4. 接口服务层

接口服务层提供多种接口形式和方式的对外服务，方便支撑业务系统的应用开发。

5. 应用集成展示及管理平台

平台作为综合功能集成展示，提供应用的示范，并对应用系统做管理，并为数据

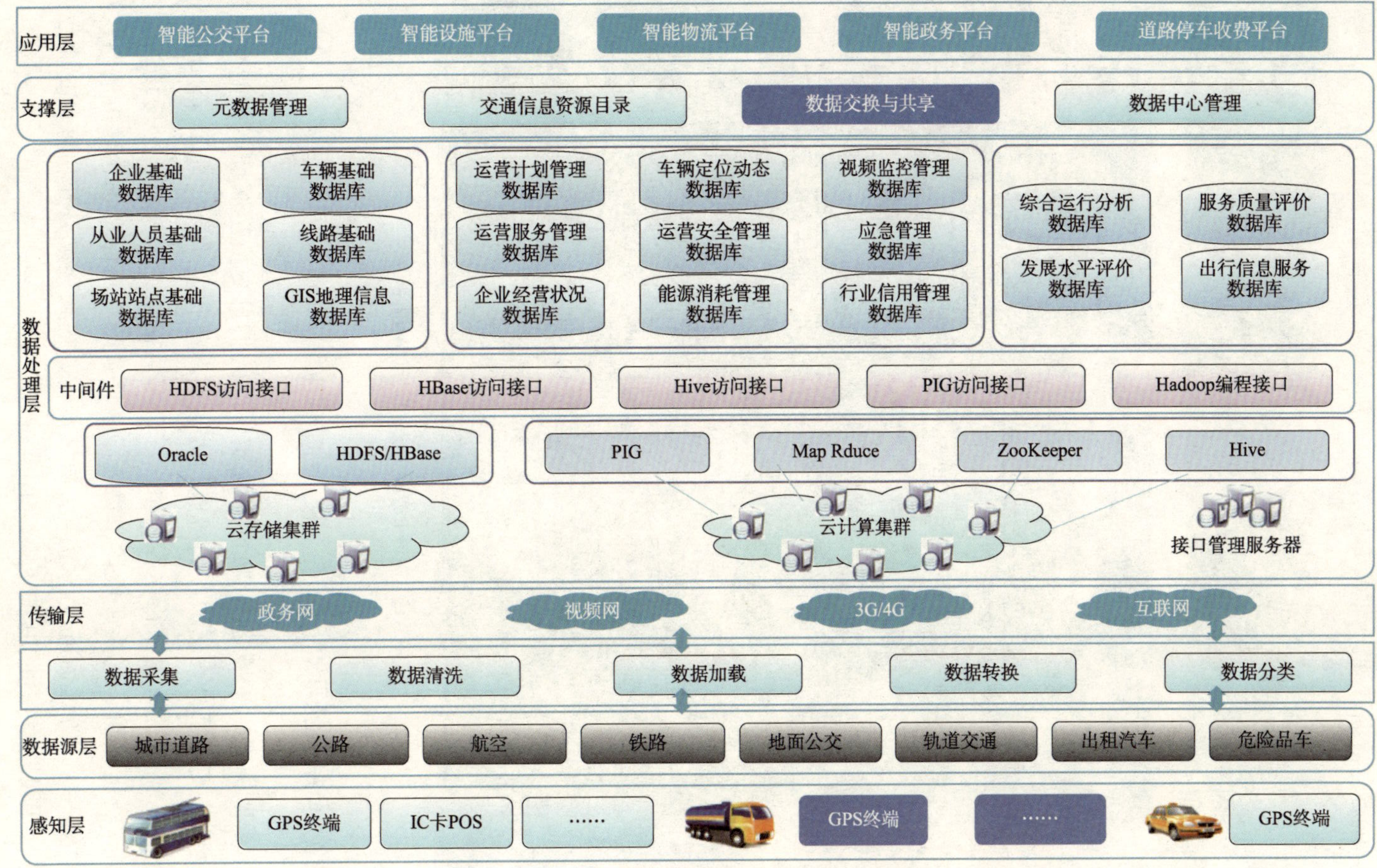

图2-10 深圳智能交通技术逻辑架构

处理系统提供后台数据管理。

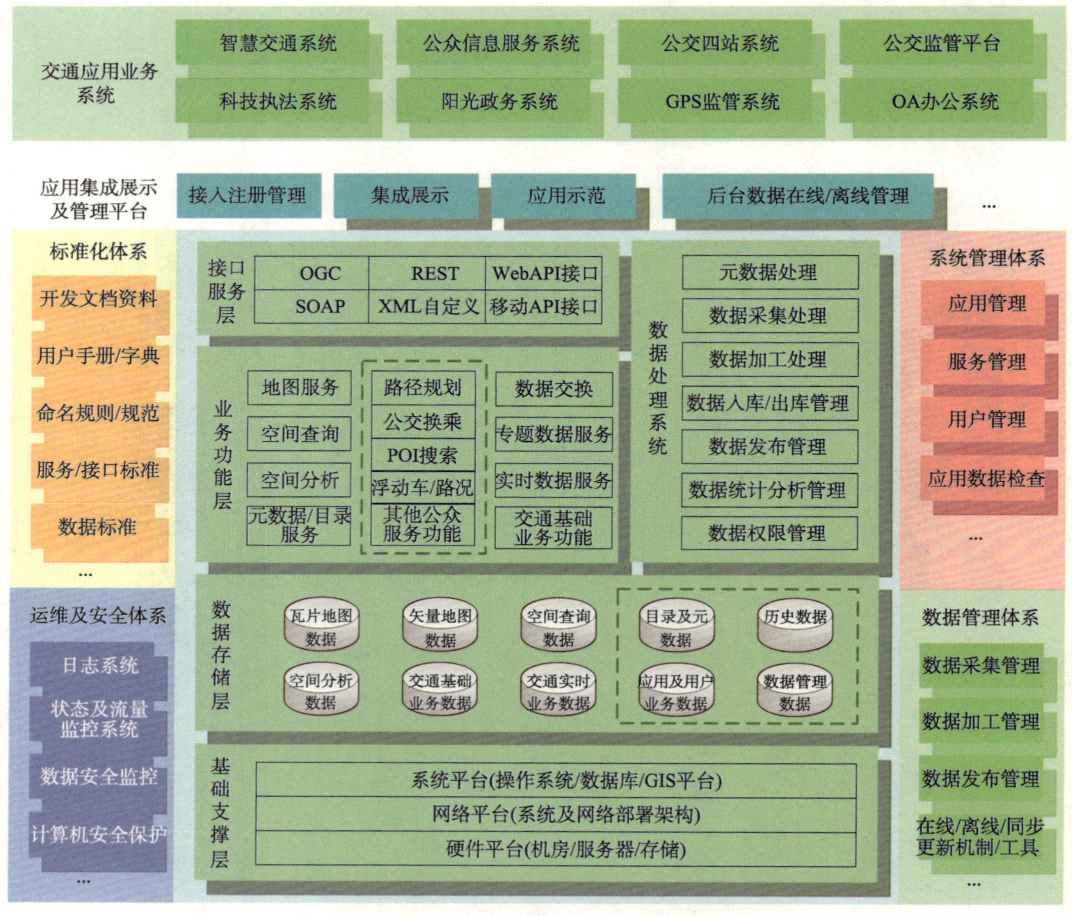

图2-11　深圳市智能交通信息管理架构图

四、网络体系架构

网络体系架构建立主要是实现ITS系统实体间的信息交换。深圳市智能交通通信体系架构建设，支撑了“大交通、大智能、大数据”时代需求，实现了深圳市交通运输委属各单位、全市道路运输长途客运站、综合客运枢纽、地铁站、公交场站、客运码头、机场、货运枢纽、码头、堆场、物流园区、危险车辆停车场、城市道路、高速公路、口岸及二线关等通信链接，为高清视频传输、视频会议召开和海量交通数据采集、汇聚、应用及共享提供了基础保障（图2-12）。

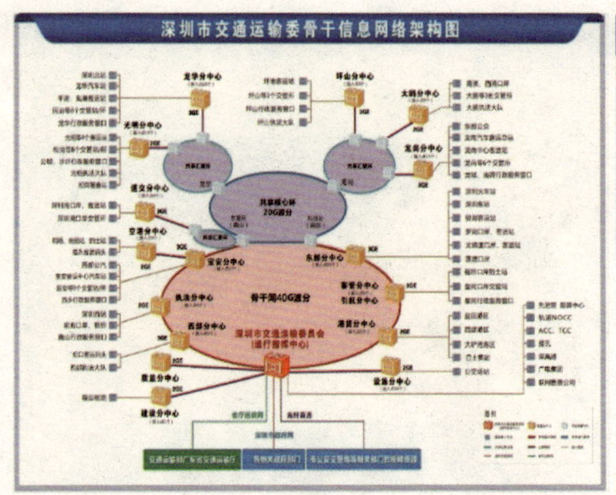

图2-12 网络体系架构图

第五节　深圳智能交通发展总路径

发展理念、总体框架确定的深圳智能交通，经过近几年的不断探索、创新、发展，在提升管理效率、提高服务水平、缓解交通拥堵等方面发挥了重要的积极作用，取得了明显效果。

一、以顶层设计为统揽，全面谋划智能交通发展

根据系统工程的理论和方法，必须从系统性、前瞻性思考智能交通发展，从“编规划、建体系、立制度、定标准”四方面谋划智能交通工作。图2-13为深圳智能交通顶层设计图。

1. 编规划

编制了《深圳市智能交通“十二五”规划》等一系列规划，制订《三年行动计划》，明确智能交通发展目标和近期建设任务。

2. 建体系

积极推进智能交通26个建设主题、68项任务和4项保障措施，形成了综合交通数

据中心和智能公交、智能设施、智能物流、智能政务平台的“1+4”智能交通业务体系框架。

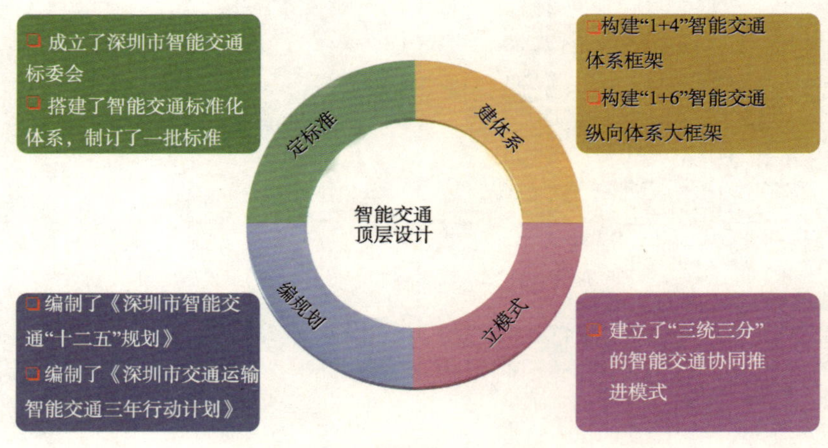

图2-13　智能交通顶层设计图

3. 立模式

建立了智能交通“统一规划、统一标准、统筹资金，分工负责、分步推进、分块实施”的“三统三分”协同推进机制，保障智能工作有序、可控、高效。

4. 定标准

成立了深圳市智能交通标准化技术委员会，搭建了智能交通标准化体系框架，制订一系列应用技术标准，奠定了数据共享、系统集成的基础。

二、以数据集成为支撑，全力打造智能交通基础应用平台

汇聚行业数据，集成建设全市全行业海、陆、空、铁、地综合交通信息化系统，打造综合交通数据中心，实现运行监测、安全管理、应急指挥、决策支持、信息服务五大功能。

1. 建载体

依托新成立的深圳市综合交通运行指挥中心，在深圳市交通运输委17个业务管理

单位分别建设17个运行指挥中心智能分中心，形成各定其位、协调联动、运转高效的“1+17”运行指挥体系。

2. 汇数据

与规划、环保、公安、水务、市场监管、城管、气象、交警等单位紧密联系，汇聚了32类75项交通行业数据，搭建交通基础信息共享平台（T-GIS），实现资源共享。

3. 云计算

与中国科学院深圳先进技术研究院、电信、移动、联通、腾讯等企业合作，利用企业强大的云计算和云服务能力，实现交通大数据实时接入、高效运算、安全存储。

4. 骨干网

正在建设1个交通骨干网（带宽40G），用于连接全委各单位、主要行业企业和全市各数据共享单位，为智能交通系统运行提供基础链路保障。

三、以安全监管为核心，全局构建综合交通运行监测平台

面向行业运行安全监管的复杂局面，全局构建综合交通运行监测平台，打造多元化、多样化、可视化的安全监管体系，实现综合交通运行监管“数字化、摸得着、看得见”。

（1）搭建道路交通运行指数服务：通过采集、分析、处理全市营运车辆GPS数据，对全市道路网的运行状态进行量化评估，为交通改善提供数据支撑。

（2）搭建交通运输GPS综合监管服务：接入出租、公交、两客一危、重型货车、泥头车及其他运营车辆共计30万辆车辆的GPS数据，实现对营运车辆的全过程实时监控、安全管理。

（3）搭建综合交通运行视频监控服务：接入海量视频信号，对全市重要场站枢纽、主要通道、交通节点和交通集散地进行全面监控，实时掌控运行状况。

四、以业务应用为导向，全网构筑行业运行服务体系

结合交通运输行业各领域、各板块的运行特点，利用完善的综合交通信息化系

统，建立起覆盖全面、管理高效的信息化智能化服务体系。

1. 智能公交方面

引导企业建设应用智能调度系统，实现调度模式高效化、运营管理实时化、安全监管远程化、运营保障一体化；建设公交行业管理系统，实现运行动态可视化、监管指标体系化、决策支持科学化、补贴扶持精确化、应急协调智能化；提供开展公交出行信息服务，实现出行信息动态化、发布方式多元化、信息服务全程化，为创建公交都市提供技术支持。

2. 智能设施方面

立足交通基础设施“规划-设计-建设-运行-管理-养护-应急”业务需求，依托地理信息技术和交通仿真技术，实现交通基础设施管理一体化、可视化、数字化、网格化。

3. 智能物流方面

以危险品运输为重点，加强行业监管；以物流信息共享和电子商务为抓手，服务物流企业；以船舶引航为切入点，提升港口智能水平。

4. 智能政务方面

对外整合网站资源，实现“场景式、互动式、一站式”信息公开，丰富科技执法手段，实施绩效考核，实现执法工作规范化、高效化，提升执法水平。对内加强智能人事、智能财务、智能办公环境建设，实现行政监察电子化、绩效考核数字化、审批全程透明化、人事财务阳光化，打造阳光政务平台。

五、以服务民生为宗旨，全方位搭建公众交通出行服务平台

坚持“交通无处不在、服务在您身旁”的人文交通理念，利用手机屏、电脑屏、电视屏、户外屏、12328服务热线（四屏一热线），为市民提供海、陆、空、铁、地全方位、多模式的交通信息服务。

1. 手机屏

推出“交通在手”手机应用软件，市民可以通过手机免费获取全面、实时、准确的机场、码头、道路运行、地铁、公交交通资讯。

2. 电脑屏

建成“e行网”门户网站、开通政务微博，搭建“交委—市民”双向信息沟通平台。

3. 电视屏

与深圳广播电影电视集团开展战略合作，在深圳市交通运输委设置演播室，由广电集团派驻专业采编队伍和主持人，共同打造《全景大交通》《数说交通》《都市路路通》电视及广播交通栏目。

4. 户外屏

通过整体规划布局，以“动态+静态”结合的方式建设户外综合交通信息发布屏，串起交通出行全过程：出行前信息查询—出行中信息诱导—出行后统计分析。目前已规划105块屏，在建13块，其他将于3年内建成。

5. 12328服务热线

根据交通运输部对推广使用12328全国统一交通服务热线的总体部署，深圳市交通运输委建设完成深圳市12328综合交通资讯服务平台，打造“第一时间受理、第一时间处置、第一时间评价”的资讯服务闭环管理链条，实现对全市交通运输行业咨询投诉服务7个统一“统一归口、统一平台、统一标准、统一受理、统一办结、统一跟踪、统一考核”。

本章小结

智能交通体系总体框架是智能建设的指明灯，建立完善的总体架构、中观层面的应用体系架构、微观层面的标准体系架构和总体技术架构，是落实智能交通发展理念和保障智能交通建设的最核心基础。深圳智能交通人在推进智能交通发展建设过程中，脑海中无时无刻都装着总体框架确立的要求和划分的边界，保障了全市智能交通大平台的顺利建设。

第三章

深圳市智能交通基础应用平台

第一节　综合交通运行指挥中心体系

一、智能交通基础载体建设

智能交通的建设，无论是数据和应用系统的软硬件环境，还是管理和服务部门人员的工作环境，服务功能的对象定位，都需要有一个基础载体作为支撑。深圳明确了建设综合交通运行指挥中心作为智能交通基础载体建设的核心。后来，为落实交通基层网格化管理单元，在相关职能机构设立了综合交通运行指挥中心智能分中心，建立了一套综合交通运行指挥体系，集成运行监测、安全管理、应急指挥、决策支持、信息服务等功能，以及时准确掌握和评估全市“大交通”的运行态势，综合协调各种资源快速反应处置突发事件，提高综合交通管理和运行效率，同时为交通管理决策提供技术支持。

2011年8月，第26届世界大学生运动会在深圳召开，赛会交通组织保障要求建立一套高效的综合交通指挥调度体系。以此为契机，深圳市交通运输委员会果断提出建设综合交通运行指挥中心，经深圳市政府“办赛事办城市”联席会议批准，同意综合交通运行指挥中心作为深圳市智能交通（“1+6”）系统的组成部分和大运应急项目建设。深圳市交通运输委员会发挥“5+2、白+黑”的忘我工作精神，在短短的4个月时间内完成了选址、设计、招标、建设和系统集成等工作，在大运会召开前完成了综合交通运行指挥中心的建设任务。

随后，在各基层交通管理部门对信息化、智能化系统应用产生协同需求和依赖的基础上，深圳市交通运输委员会又一次果断地提出在综合交通运行指挥中心的基础上，前后用时2年建设了17个综合交通运行指挥中心智能分中心。至此建立了一个完整的综合交通运行指挥中心体系，即“1+17”运行指挥中心体系，为深圳综合交通协同管理、高效运行提供了平台基础。

二、运行指挥中心体系构建目标与功能定位

综合交通运行指挥中心作为智能交通应用的运行载体，成为深圳市交通数据资

源管理中心、交通运行监测中心、交通管理协调中心、应急指挥调度中心、决策支持中心和公众信息发布服务中心，实现了数据管理、运行监测、决策支持、信息发布和协同服务等功能。

三、运行指挥中心体系架构

综合交通运行指挥中心体系总体架构如图3-1所示。整个运行体系包括三个层次，从上往下分别为指挥中心层、分中心层和基层交通管理单元层，形成“1+17+58 ”运行指挥体系，实现综合交通运行指挥中心和各分中心的分级监测、协同联动、应急值守和指挥调度功能。

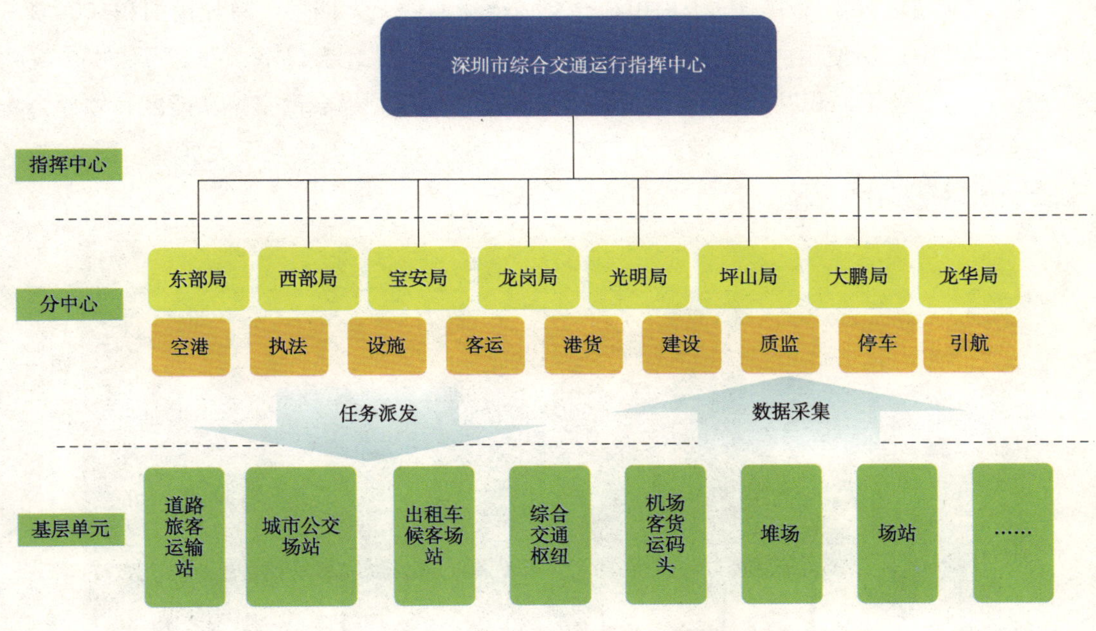

图3-1 “1+17+58”综合交通运行指挥体系图

（1）**指挥中心层：**特指深圳市综合交通运行指挥中心，是整个运行指挥中心体系的核心，是整个运行指挥中心体系指令发布和信息流转的中枢，负责全市交通运行指挥指令的发布与处理。

（2）**分中心层：**共有17个分中心，包括8个辖区交通局分中心和9个专业管理分中心，分别为东部、西部、宝安、龙华、光明、坪山、龙岗、大鹏8个辖区交通局，以及空港、执法、设施、客运、港货、建设、质监、停车、引航9个专业机构，专门负责本辖区或专业范围的交通运行指令的发布与处理。

（3）**基层交通管理单元层：**全市基层交通管理按照网格化理论划分成58个基层交通管理单元，分别设立一个基层管理责任单位，专门负责本管理单元内的交通运行指令的处理。

四、综合交通运行指挥中心的建设

（一）概况

综合交通运行指挥中心位于福田综合交通枢纽西侧三、四层，总使用面积1500多平方米。其中三层使用面积共1022平方米，设有指挥大厅、会议室、办公室、机房等功能区；四层使用面积共497平方米，设有贵宾接待室、领导会商室等功能区。领导会商室会议桌为双层圆桌设计，墙面设有雾玻璃，可在会商室直接观看大屏幕。图3-2为综合交通运行指挥中心。

图 3-2　综合交通运行指挥中心

（二）系统架构

指挥中心系统架构主要包括大屏幕显示系统、音视频系统和监控座席系统等。图3-3为指挥中心系统架构图。

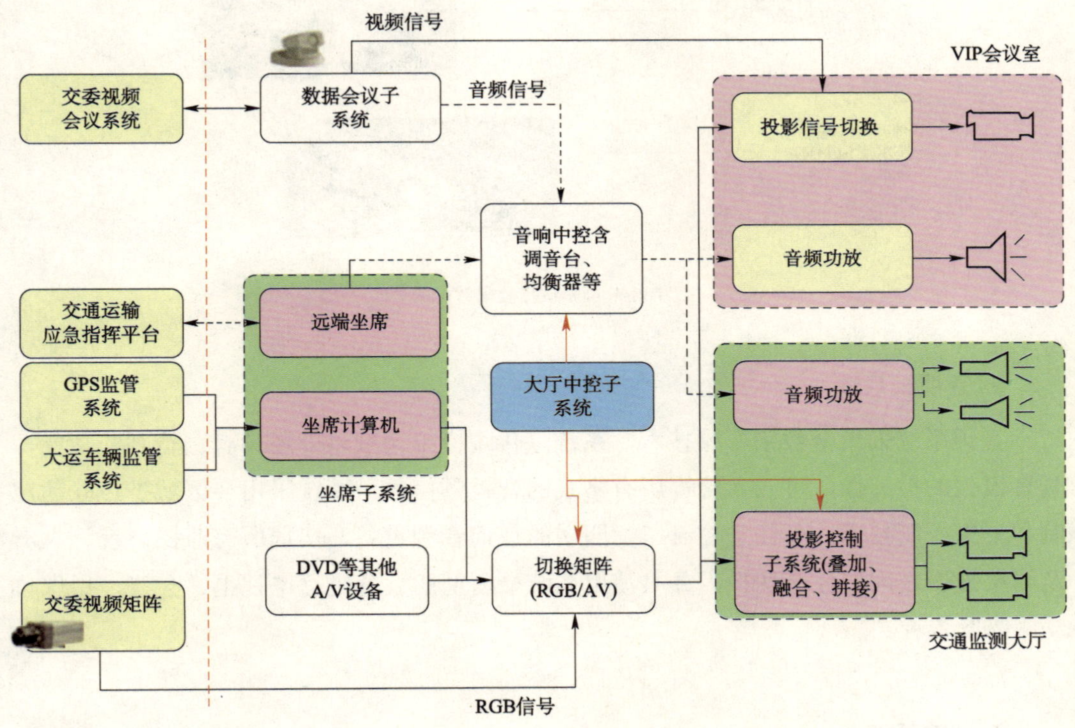

图3-3　指挥中心系统架构图

1. 大屏幕显示系统

大屏幕显示系统采用正投影方式DLP显示技术，选取当时世界上最高亮度的投影设备，设备共6台，单台分辨率2048×1080，中心亮度（流明）达到35000。6台投影分为三组，融合后分辨率为5330×1080。屏幕采用黑栅精显，尺寸为30米×6米，为无缝软幕，由11层不同结构的材料组合而成，可以很好地还原图像色彩。该大屏可灵活进行多画面布置及快速切换，满足交通运行指挥调度需要同时显示众多控制界面的需求。图3-4为屏幕拼接效果对比图。

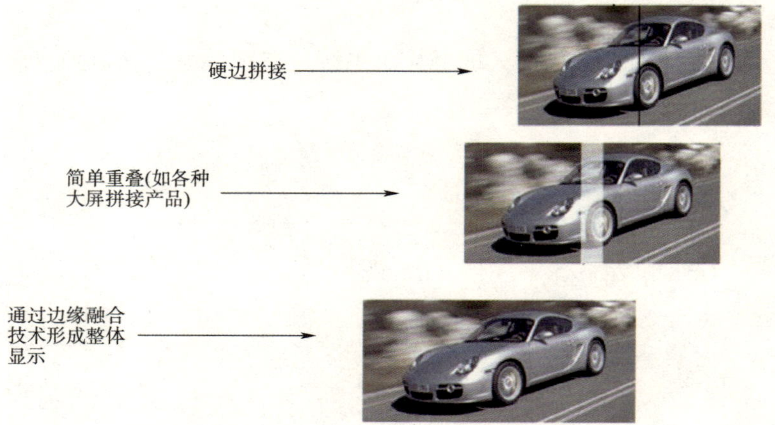

图3-4 屏幕拼接效果对比图

2. 音视频系统

音频系统采用全数字音频技术，系统除传统模拟音频以外还具有逻辑判断功能，具有很强的扩展性，可接入现行所有格式的音视频信号。系统采用多区域扩声联动控制和中央控制技术，可任意控制三、四楼的任何音频设备，实现所有监控系统、大屏及四楼投影之间的任意切换，并可使用系统最新型的设备进行电视电话会议，摄像自动跟踪发言者。

3. 监控系统

监控系统主要实现对指挥大厅的无盲区监控，实时监测设备状态、人员流动情况等。

（三）应用软件系统集成

运行指挥中心系统共集成接入了大运交通车辆调度管理系统和智能公交、物流、设施、政务四大应用平台的40多个应用软件系统，共5大类75项数据（表3-1），并依托云平台和超算中心构建了各类主题数据处理中心，实现了交通运行指数分析发布、营运车辆实时GPS监控、交通视频联网监控、出租车营运数据分析、智慧交通业务管理等应用功能。

接入软件系统与数据表 表 3-1

应用平台	接入系统	接入数据
大运交通保障系统	大运车辆指挥调度系统、大运公交调度系统、大运交通e站等	场馆、赛事、专用公交、专用道、专用车、天气等
智能公交平台	深圳市交通运输GPS监管平台、深圳市道路客运安全管理系统、动态引航监控管理系统、地铁TCC系统、易行网公众出行等	海陆空铁城际客流数据、公交地铁深圳通刷卡数据；16000多辆出租车GPS数据、营运数据；8000多辆两客一危GPS数据等
智能设施平台	深圳市交通运输行业视频联网监控系统、公交智能化图文管理系统等	800多路公交、1万多个站点信息；五条地铁线路和站点视频6583路。
智能物流平台	深圳港危险货物监管系统、深圳港集装箱吞吐量统计系统等	港口货运数据
智能政务平台	深圳市运政管理信息系统、驾培管理信息系统、深圳市汽车维修行业信息网、阳光政务——深圳市交通运输管理网上服务平台、办公自动化系统、深圳市交通运输委员会投诉信访处理系统等	营运车辆基本数据、驾驶员 基本数据、经营企业基本数据、营运线路基本数据等

五、综合交通运行指挥中心智能分中心建设

（一）概况

分中心是落实交通基层网格化管理单元试点工作的有机载体。通过各分中心的建设，形成以常态工作为基础，快速反应为导向，专项行动为拳头的高效运行机制，构建可视化、场景式基层监控体系，实现管理对象的轨迹监管、安全监管，为网格化、有机性、民生型基层交通管理单元高效运作提供平台支撑（图3-5）。

（1）**常态工作：**基础信息采集、交通运行监测、公交行业监管、设施巡查管养、路政运政执法、交通形势会商研判等。

（2）**快速反应：**应急协同响应、公交运力调派等。

（3）**专项行动：**打击非法营运、节日交通保障、大型活动交通保障等。

图3-5 分中心建设实况图

（二）主要建设内容

（1）**运行监测环境：**包括DLP大屏、多屏处理器、视频矩阵、控制终端等硬件设备建设，以及接入各辖区枢纽、场站、隧道及执法指挥车视频信号，实现可视化展示，为运行监测和应急值守提供支撑。

（2）**应急协同环境：**主要包括操控台、监控座席（包括计算机终端、电话机、切换器等）、音响、中控等硬件设备，为分中心实现召开视频会议和应急指挥调度等提供技术支撑。

（3）**机房网络环境：**包括机房装修、空调、UPS、服务器、交换机、防火墙、存储等设备、综合布线等。

（4）**土建装修：**包括地板、吊顶、墙面、灯光照明等。

六、运行指挥中心体系协同运行案例

综合交通运行指挥中心体系协同运行于各个应用场景中，许多应用也是基于该体系构建，以保证运行流程的闭合管理和协同效能。以基层网格单元管理为例，综合交通运行指挥中心是基层网格管理的中枢，承担着指挥协调和运行考核的职能（图3-6）。分中心是网格化、有机性、民生型基层单元管理的中坚力量，主要在支持三级网格管理、路政巡查、设施管养、应急协同等发挥作用。

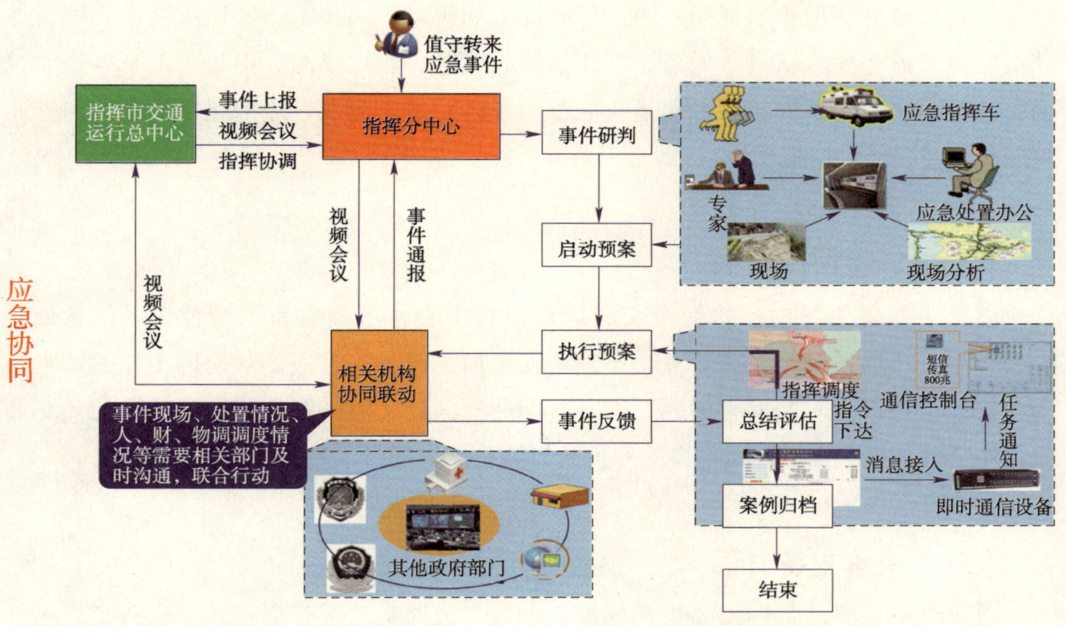

图 3-6 基层单元网格管理流程图

七、运行指挥中心体系的运行效果

综合交通运行指挥中心体系的建设，实现了数据管理、运行监测、决策支持、信息发布和协同服务等功能，为交通管理部门提供交通运行监测及决策支持，为市民提供出行信息服务。

（一）数据管理方面

运行指挥中心通过接入深圳市交通行业海量的综合交通数据、系统应用等，形成了海、陆、空、铁、口岸一体化的交通数据中心。

（二）运行监测方面

一是依托营运车辆实时卫星定位信息，对全市全行业营运车辆（出租车、长途客车危险化学品运输车、重型自卸车、泥头车等）进行实时监测，实现对车辆运营行为的实时掌握。

二是通过有效覆盖的视频监控，借助高效的视频识别技术，实现对全市道路交通网络关键节点和区域（出城通道、高速公路收费站、客运场站、出租车上下客点、综合交通数据核心区域）的可视化运行监管，及时发现车流及客流的运行情况，为行业管理部门及时提供情报推送。

（三）管理协同方面

以民生服务为导向，将综合交通运行指挥中心体系确立为“综合交通信息处置中心体系”，形成了在设施管养、案件处置、信息服务等方面高效协同工作的基本格局，实现了“第一时间发现问题、第一时间处置问题、第一时间解决问题”的闭环高效工作链条，为全市道路交通设施养护的智能化监测提供了基础保障。

（四）决策支持方面

通过对海量交通数据的分析和挖掘，形成《道路交通运行周报》《道路交通运行月报》《道路交通运行季报》《深圳市交通运输行业GPS监测周报》等，为交通管理部门提供了科学、全面、深入的分析报告。

（五）信息服务方面

会同有关部门，通过交通频道、交通直播室的建设，优化升级门户网站及易行网功能、研发“交通在手”手机软件等多项项目，多途径、全方位向广大出行者发布实时交通信息，营造智慧交通出行环境。

第二节　交通基础地理信息共享(T-GIS)平台

一、智能交通信息共享平台建设

搭建载体后，交通基础应用平台的框架形成。随后，面向各单位各部门的应用需求，各类应用服务系统开始同步建设，各系统之间信息共享的需求日益迫切，数据接口协调成本日益增加，信息共享的问题逐渐突出。根据对大量数据共享系统的调研和数据资源的特征进行分析，众多的信息共享平台大多实现了数据交换或者数据存储的功能，不能满足日益强烈的数据管理需求。为此，深圳开创性地在全国第一家提出构建全市统一的交通基础地理信息共享平台。

平台的基础地图使用图商共享的基础地图，并融合了深圳规划国土委城市基础地理信息共享平台基础地图、影像图等数据，形成基础图层。随后逐步采集全市基础路网、道路运输网、公交线网、轨道线网、货运场站等各类交通服务基础设施等空间坐标和属性信息，集成12类、40项专业图层数据，形成专业图层。最终通过GIS技术围绕两类图层数据，实现数据管理，搭建起全市统一的交通基础地理信息共享平台（图3-7）。

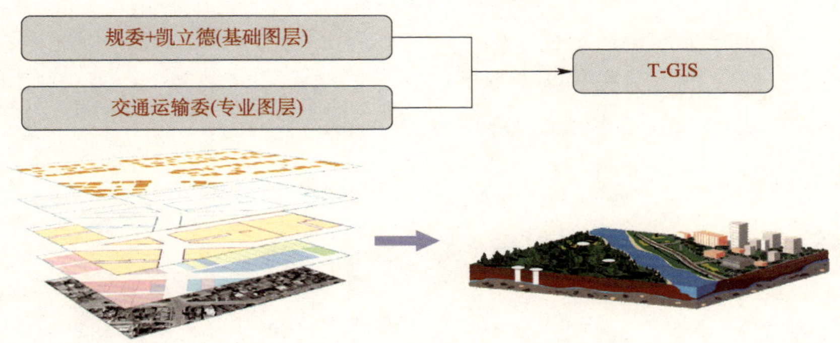

图3-7 交通基础地理信息共享平台示意图

平台建设后，实现了基于地理信息数据源的统一，为其他智能化系统提供权威、一致的数据，通过数据接口实现数据的综合应用与服务，实现数据的统一更新、维护。据统计发现，深圳80%以上的数据都与地理空间相关，而这些数据也是应用、交换、共享最为频繁的数据，是交通智能化应用中最为核心的数据。

因此，交通基础地理信息共享平台（T-GIS）迅速被确立为深圳数据集成、管理、交换、可视化应用最核心的基础平台。

二、我们需要改变

T-GIS平台建成前，深圳智能交通各系统建设需要花费大量的精力在与其他各个系统的沟通衔接上，系统之间接口错综复杂，经常顾此失彼，难以周全，系统建设效率极低。单个系统过多的对外接口也影响了系统自身的生产效率，因此迫切需要改变（图3-8）。

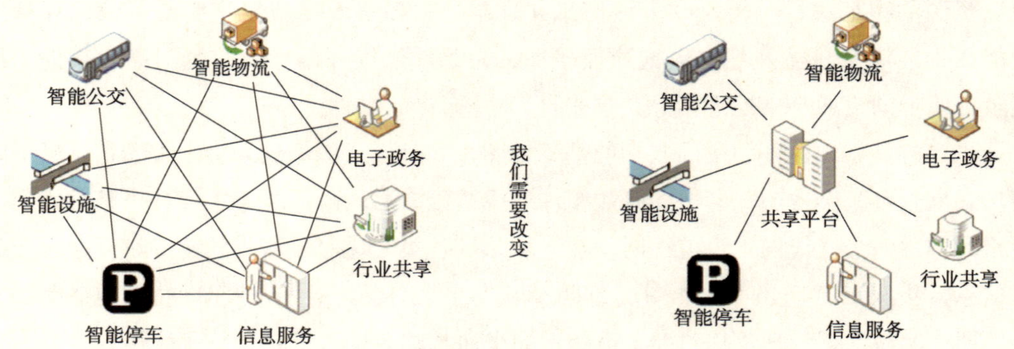

图3-8　我们需要改变

T-GIS平台建设后，实现了基于地图的交通静动态数据融合、改变按部门划分的数据分散存储方式，实现数据的共享交换、数据的自动更新。

三、需求分析

交通基础信息共享平台是收集、整理、存储、管理、综合分析和处理空间信息和交通信息的计算机软硬件系统，是GIS技术在交通领域的延伸，是与多种交通信息分析和处理技术的集成。T-GIS具有强大的交通信息服务和管理功能，在交通工程领域采用GIS技术和方法研究交通规划、交通建设、交通管理、信息服务等领域，具有其他传统方法无可比拟的优点。

T-GIS提供空间数据服务、空间分析服务、基础应用服务、管理服务、元数据服务五大类服务功能。

（1）**空间数据服务：**提供空间数据的获取服务，外部系统可通过该类服务获取平台内的共享数据。

（2）**空间分析服务：**提供缓冲区分析、空间叠加、空间统计及网络路径分析等基础空间分析功能。外部系统可以通过该类服务对基础数据及应用数据做空间分析并展示。

（3）**基础应用服务：**提供常用的GIS应用服务，包括公交规划、路径规划、动态渲染等。外部系统可以通过该类服务获取常用的基础应用功能，直接应用的业务系统中。

（4）**管理服务：** 提供数据管理、用户管理、服务管理的功能，对T-GIS的资源、用户和服务进行管理。

（5）**元数据服务：** 提供数据目录、数据描述、数据规格、查询地址、提取标准等信息的获取。外部系统通过该类服务获得系统内空间数据及应用数据的描述及应用信息。

四、建设目标

系统需建成为对城市交通信息进行采集、分析、融合、存贮、传输以及提供可视化交通信息服务和交通指挥决策的统一平台。

（一）制订数据标准

从深圳市交通运输委各类信息化系统的实际需求出发，采用现行的国家标准及行业标准。在系统建设过程中逐步形成一套适合深圳市交通运输委自身的数据标准及应用标准，主要包括交通地理信息数据编码规则、数据规范及系统开发标准，确保数据的完整性、准确性、一致性和可用性。

（二）整合数据资源

整合深圳市规划国土委数据、深圳市交通运输委已有的图商全国图1:10万数据、广东省1:2000数据、香港及澳门1:2000数据，并以试点方式叠加深圳市交通运输委现有的深圳道路、三标一护、交通点层等各类交通数据，初步完成交通一张图的整合。

（三）搭建系统架构

采用集群架构的思路搭建交通基础信息共享平台硬件环境。开发系统功能服务，含空间数据服务、空间分析服务、基础应用服务、管理服务、元数据服务等，开发API接口及移动SDK功能模块，通过接口方便高效的与各业务系统实现数据互通及共享。避免数据的重复购买和功能的重复开发，实现资源优化与共享。开发应用集成展示及管理平台，对各类服务功能及数据的调用提供统一的登记管理，使数据内容和版本有记录、可追溯。

（四）支撑应用系统

统一为深圳市交通运输委各个智能化系统提供数据及功能服务。初步构建系统运营维护体系及数据更新体系。制订故障登记与响应制度、服务器管理制度、机房管理等；与具备导航电子地图制作资质的单位合作建立数据更新制度，解决大量基础数据的更新、合法性问题。

五、总体规划与架构设计

（一）总体规划

T-GIS的总体规划成数据汇集、共享、应用的闭环流程（图3-9），提供一个交通地理信息管理平台、数据处理系统等两个集成系统，并提供相应的规范体系支撑。

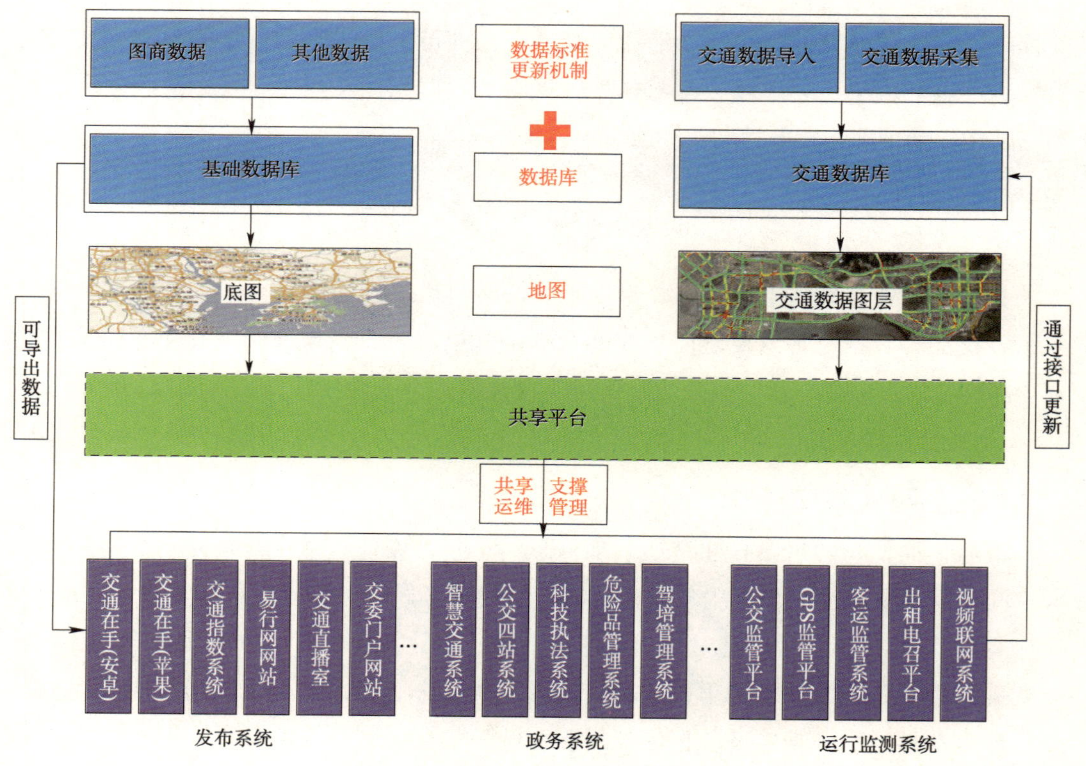

图3-9　T-GIS总体规划图

1. 数据库规划

数据库规划主要包括术语定义、标准开发和制订，并在此基础上建立基础库和交通库（图3-10）。

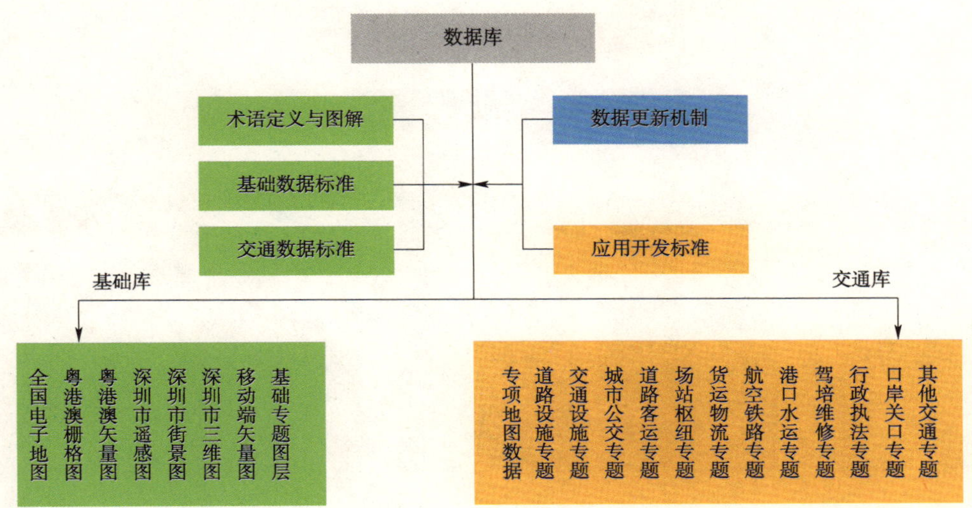

图3-10 T-GIS数据库规划

2. 地图规划

地图规划包括底图和交通数据图层，各分为PC版和手机版，支撑不同的应用需求（图3-11）。

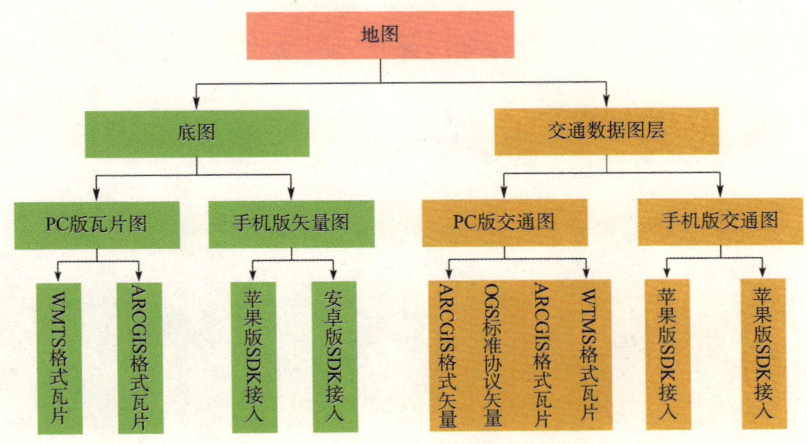

图3-11 T-GIS地图规划

3. 系统平台规划

系统平台通过集群服务器，实现负载均衡，提供管理平台、特定功能应用、系统接口、数据工具、管理工具服务（图3-12）。

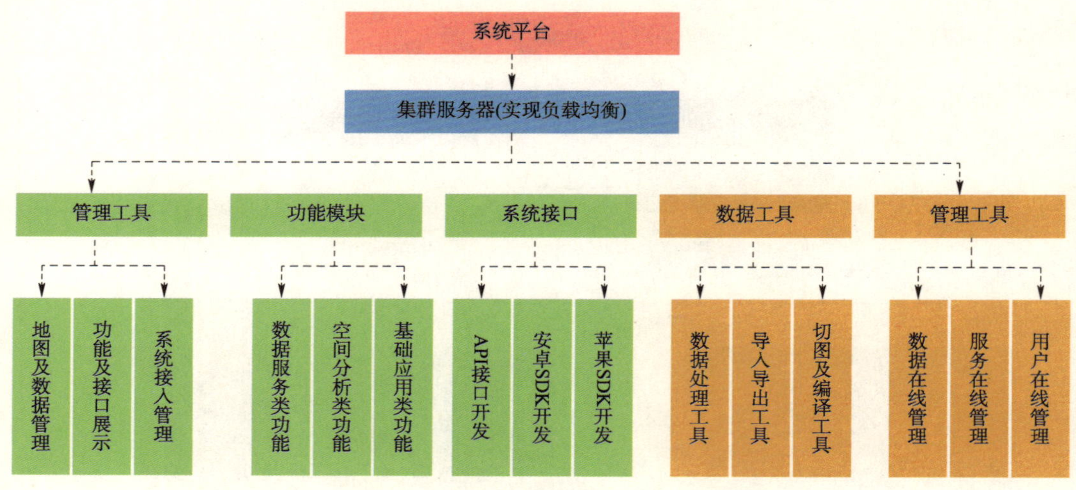

图3-12　T-GIS系统平台规划

4. 共享支撑规划

共享支撑实现对不同应用系统的地图服务支持，并通过权限管理，实现不同的数据调用服务（图3-13）。

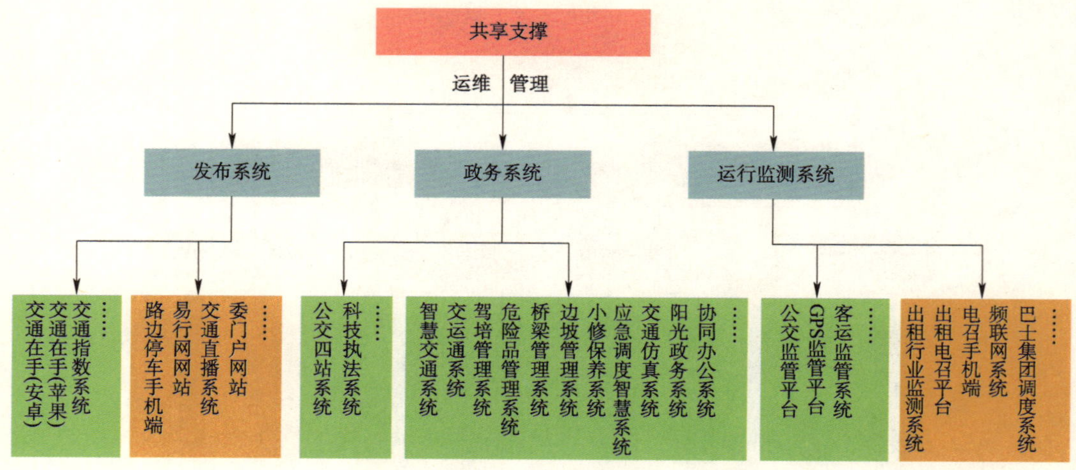

图3-13　T-GIS共享支撑规划

（二）架构设计

T-GIS平台的架构包括支撑层、数据层、功能层、接口层、应用层，同时建立起标准化体系、系统管理体系、数据管理体系、运维及安全体系（图3-14）。

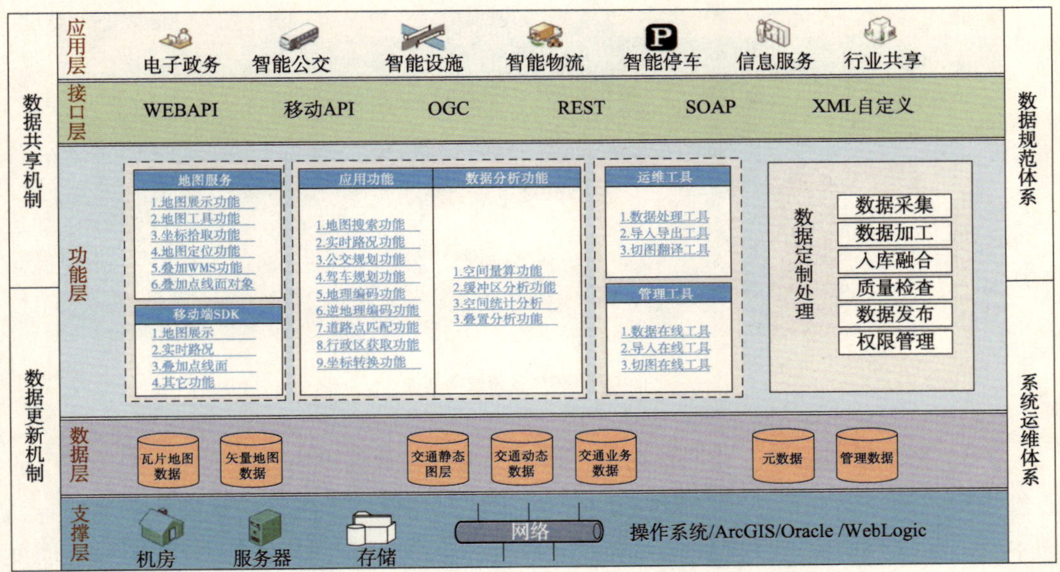

图3-14　T-GIS总体架构

六、主要服务功能

平台对外主要提供空间数据服务、空间分析服务、基础应用服务、管理服务和元数据服务五大服务功能（图3-15）。

1. 空间数据服务

（1）矢量数据查询服务：基于OGC提出的WFS服务（Web Feature Service，地图要素服务）提供矢量数据的查询，对数据库中的矢量数据进行多条件查询，返回矢量原数据。

（2）瓦片发布服务：基于OGC提出的WMTS服务（Web Map Tile Service，切片地图服务）提供地图瓦片数据的发布。WMTS提供了一种采用预定义瓦片（图块）方法发布数字地图服务的标准化解决方案。对矢量地图瓦片及影像瓦片进行对外发布，供外部系统获取瓦片地图数据。

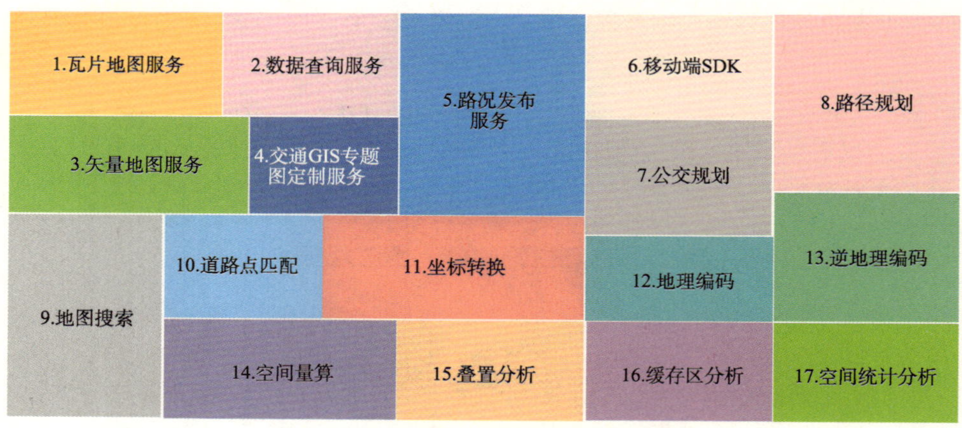

图3-15 T-GIS主要服务功能

（3）路况发布服务：路况数据本身属于交通业务数据，该数据由路况生成系统通过收集实时的浮动车、感应线圈等数据，经过计算处理，生成对应路段的路况信息。由于路况数据的应用广泛，故作为基础的空间数据对外进行发布。对实时路况数据进行发布，外部系统可请求获取实时的路况信息；对路况数据进行实时的路况层瓦片生成，对外发布路况层瓦片数据。

（4）专题图显示定制服务：基于OGC提出的WMS服务（Web Map Service，Web地图服务）提供专题图显示定制服务，可以灵活响应用户的各种地图显示请求。一般情况下，WMS客户端每发出一个请求，WMS服务端都需要实时对数据进行可视化成图，然后将结果以图片的方式返回给客户端。支持定制专题数据层及显示风格，提供按定制风格渲染后的专题数据瓦片。

2. 空间分析服务

矢量数据的空间分析是 GIS 空间分析的主要内容之一。T-GIS也需要具备以下的空间分析服务功能。

（1）空间信息量算：对点、线、面地物自身信息的量算，具体包括空间实体间的距离计算；线状实体长度计算，面状实体面积、周长、质心等计算，体状地物的体积，表面积等计算。

（2）缓冲区分析：是对选中的一组或一类地图要素（点、线或面）按设定的距离条件，围绕其要素而形成一定缓冲区多边形实体，从而实现数据在二维空间得以扩展的信息分析方法。缓冲区分析针对点、线、面等地理实体，自动在其周围建立一定宽度范围的缓冲区多边形，对缓冲区内的数据做查询、统计、计算等分析。

（3）叠置分析：对矢量点、线、面图层的叠加分析，对栅格图层叠加。根据操作要素的不同，叠置分析可以分成点与多边形叠加、线与多边形叠加、多边形与多边形叠加；根据操作形式的不同，叠置分析可以分为图层擦除、识别叠加、交集操作、均匀差值和图层合并等。

（4）空间统计分析：对地理数据进行常规统计分析、趋势分析等。空间统计分析的目的是为了找出某种属性分布的整体特征和趋势，了解其中的规律，以便科学地对其进行分析和预测。空间统计方法是建立在概率论与数理统计基础上的一类地理数学方法，适用于对各种随机现象、随机过程和随机事件的处理。共享平台的空间统计分析，需要结合具体的业务定义和实现，如深圳福田区的高速公路里程等应用。

3. 基础应用服务（图 3 -16）

（1）公交规划服务：提供输入起止点间的公交地铁混合换成线路规划、提供路线描述以及提供多种规划方式服务。

（2）路径规划服务：提供输入起止点间的驾车线路规划、线路描述、多种规划方式以及提供结合实时交通避开拥堵路段的服务。

（3）基础搜索服务：提供POI、行政区、地名地址、道路的搜索，关键字、分类、周边、指定矩形范围内搜索等多种搜索方式以及提供公交专用的线、站查询服务。

（4）瓦片动态渲染服务：提供将点、线、面数据按照指定风格渲染瓦片；可动态传入数据及风格。

（5）坐标转换服务：提供投影转换、线性坐标与地理坐标转换等。

（6）道路点匹配服务：提供根据指定GPS坐标、速度、方向等信息匹配最佳道路点；无速度、方向等信息时匹配最近道路点。

（7）地理编码服务：提供根据地址信息描述，分析出地址对应的地理坐标。

（8）**逆地理编码服务：**提供根据地理坐标，分析出地址信息描述、行政区、附近POI、附近道路等。

图3-16　T-GIS基础应用服务图

4. 管理服务

（1）**用户管理服务：**提供用户信息管理，用户对服务及数据的使用权限管理。

（2）**服务管理服务：**提供对平台提供的所有服务进行管理，包括服务监控、服务查询、服务注册、服务接入等。

（3）**数据管理服务：**提供数据维护、更新功能，以及数据批量导入、导出功能。

5. 元数据服务

元数据服务是检索、管理与维护分布在不同地方的地理信息（包括基础地理信息数据、测绘档案、地理信息应用系统、地理信息服务）的一项关键技术。采用一致的元数据服务接口，并基于统一的信息模型，即相同的元数据内容和结构，各种客户端应用系统才可以通过一致的方式（如标准接口和操作）对各种资源进行搜索。

共享平台的元数据记录要素、数据集或数据集系列的内容、覆盖范围、质量、管理方式、数据的所有者、数据的提供方式等有关的信息。共享平台主要提供地理信息元数据服务以及地理信息网络分发元数据服务两种。基础地理数据的服务和网络地理信息的服务，包括共享平台的标准OGC服务的元数据服务，如WMS、WFS、WMTS等服务。

（1）**地理信息元数据服务：**支持基础地理数据的服务，提供元数据的对外发布、查询、采集、同步等服务。

（2）**地理信息网络分发元数据服务：**支持网络地理信息的服务，提供元数据的对外发布、查询、采集、同步等服务。

七、服务提供方式

根据业务系统的需要，共享平台通过在线服务调用及提供原始数据两种方式对外部系统提供服务。

（一）在线服务调用

在线服务调用主要用于共享平台提供的服务在功能及性能上能够满足业务需要的情况。在线服务调用可以通过以下两种方式。

（1）**采用共享平台提供的API：**此种方式实现简单，不需要关心底层协议，直接调用API接口获得服务的支持，可以节省开发时间，快速开发业务系统。

（2）**直接通过服务协议进行调用：**此种方式开发相对复杂，需要了解底层通讯协议。但是可以直接获得协议中传输的数据，灵活组合使用各种服务，提供更灵活、丰富的功能。

（二）原始数据提供

原始数据提供主要用于性能要求很高，或需要对数据进行深加工的业务系统。原始数据提供需要制订标准流程，目的是为了数据安全。流程最后一步可以使用数据管理服务从数据库中导出所需数据，提供给相关系统。

（1）小数据量可以采用在线导出方式，直接输出给需求方。

（2）大数据量建议共享平台内直接导出到移动存储设备，然后移交给需求方。

（三）服务接口

1. 服务接口层功能

服务接口层需支持多种标准协议，方便外部系统直接调用，并提供以下功能服务。

（1）**服务接口查询**：可以查询各种服务的接口，支持的协议标准。

（2）**服务接口提供**：提供各种服务的接口协议，供外部系统使用共享平台的各项服务。

（3）**协议解析转换**：对外部系统的请求进行协议解析，转换为底层服务定义的协议。

（4）**服务转接**：采用底层服务的协议调用底层服务，完成用户请求。

（5）**协议转换封装**：获得底层服务返回结果后，进行协议转换，封装为外部系统调用使用的协议。

（6）**验证流程**：在外部系统调用服务时，接口层负责首先验证用户身份及权限，对合法调用进行放行。

（7）**多协议支持**：提供多种标准协议的支持，方便外部系统使用。

2. 服务接口架构

服务接口层架构设计如图3-17所示，并按如下流程进行服务接口调用：

（1）请求连接模块负责接收外部请求，调度内部模块完成请求；

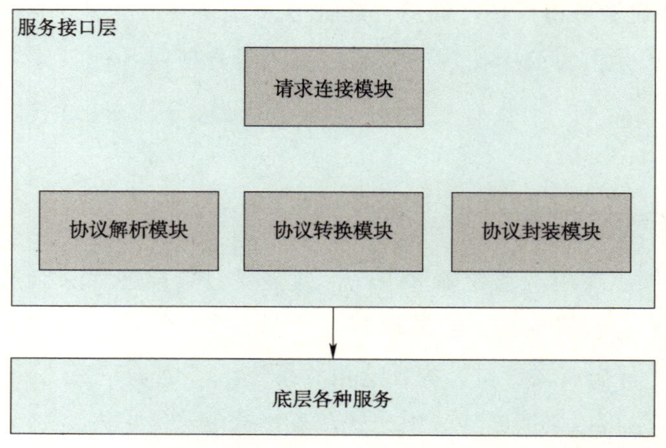

图3-17　服务接口层软件架构图

（2）协议解析模块负责解析请求，并转换为请求参数；

（3）协议转换模块负责在各种标准协议之间互转协议；

（4）协议封装模块负责将请求结果封装为指定协议包；

（5）请求连接模块会在每次请求连接后验证用户信息及权限，并调用底层模块。

八、运营维护机制

为实现数据的统筹管理，建立数据共享机制。按用户系统类型分为交通运输行业智能化应用服务系统、公众出行信息服务系统、其他行业应用系统、市场化应用系统4类。应用服务遵循严格的审批流程，包括申请、审核、批准三个必要步骤（图3-18）。

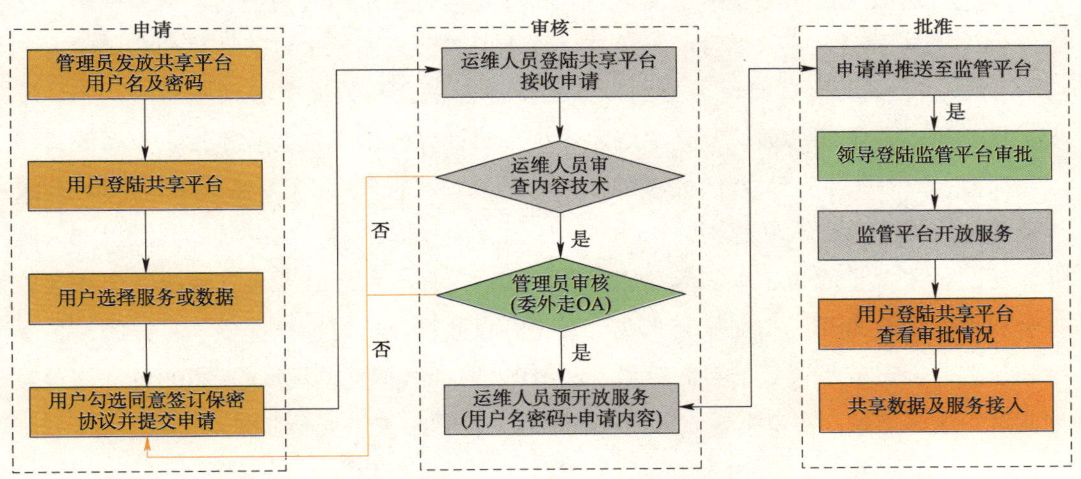

图3-18 T-GIS运营数据审核流程图

第三节 智能交通云应用服务基础平台

一、智能交通云平台建设

随着深圳智能交通系统建设进展，系统越来越多，规模越来越大，投入服务器等硬件设备也成倍增长，系统产生的数据量更是成几何级数增长，海量交通数据的快速综合挖掘分析应用需求日益增加，迫切需要通过搭建智能云平台满足海量交通数据的计算与存储。为此，深圳市交通运输委利用深圳高新技术产业优势，通过政企合作、资源互换等多种方式，整合中国科学院深圳先进技术研究院、腾讯、电信、移动、联通等企事业单位的技术资源，构建了深圳智能交通云应用服务平台，以适应深圳智能交通发展的需求。

二、深圳智能交通云平台资源

智能交通云应用服务平台以深圳市综合交通运行指挥中心为主体，借助中国科学院深圳先进技术研究院云平台、腾讯云计算平台等一系列云平台的计算和存储能力，构建了服务于深圳市交通运输委的一体化交通云平台和数据中心（图3-19）。近年来，依托中国科学院深圳超算分中心、深圳市云计算技术工程实验室投入设备经费超过1000万元，装备了1.5 万亿次曙光 4000 超级计算机1台、10万亿次曙光5000 超级计算机1台、200万亿次联想深腾7000 GPU 超级计算机1 台，总存储能力超过1PB。此外，还配备了大量的高、中、低端服务器、图像工作站和台式个人计算机。上述实验平台和大型设备为开展高性能交互式可视化海量数据分析与挖掘提供了良好的设备支撑。目前，云服务平台数据存储容量近500TB，服务器集群总规模超过300台，铺设数据共享专线20余条，实现交通大数据实时接入、高效运算、安全存储。

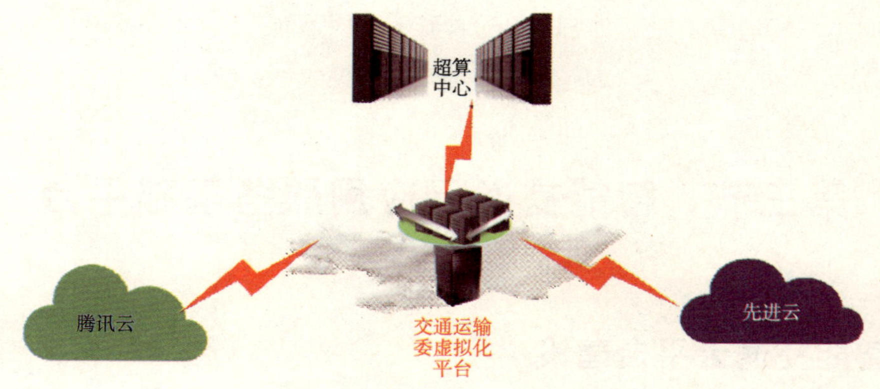

图3-19　深圳市智能交通云平台

三、深圳智能交通云环境中心

云环境是在云计算概念上延伸和发展的一个新的概念，是指通过集群应用、网络技术或分布式文件系统等功能，将网络中大量各种不同类型的存储设备通过应用软件集合起来协同工作，共同对外提供数据存储和业务访问功能的一个系统。深圳市综合交通信息云环境中心总体技术架构如图3-20所示。

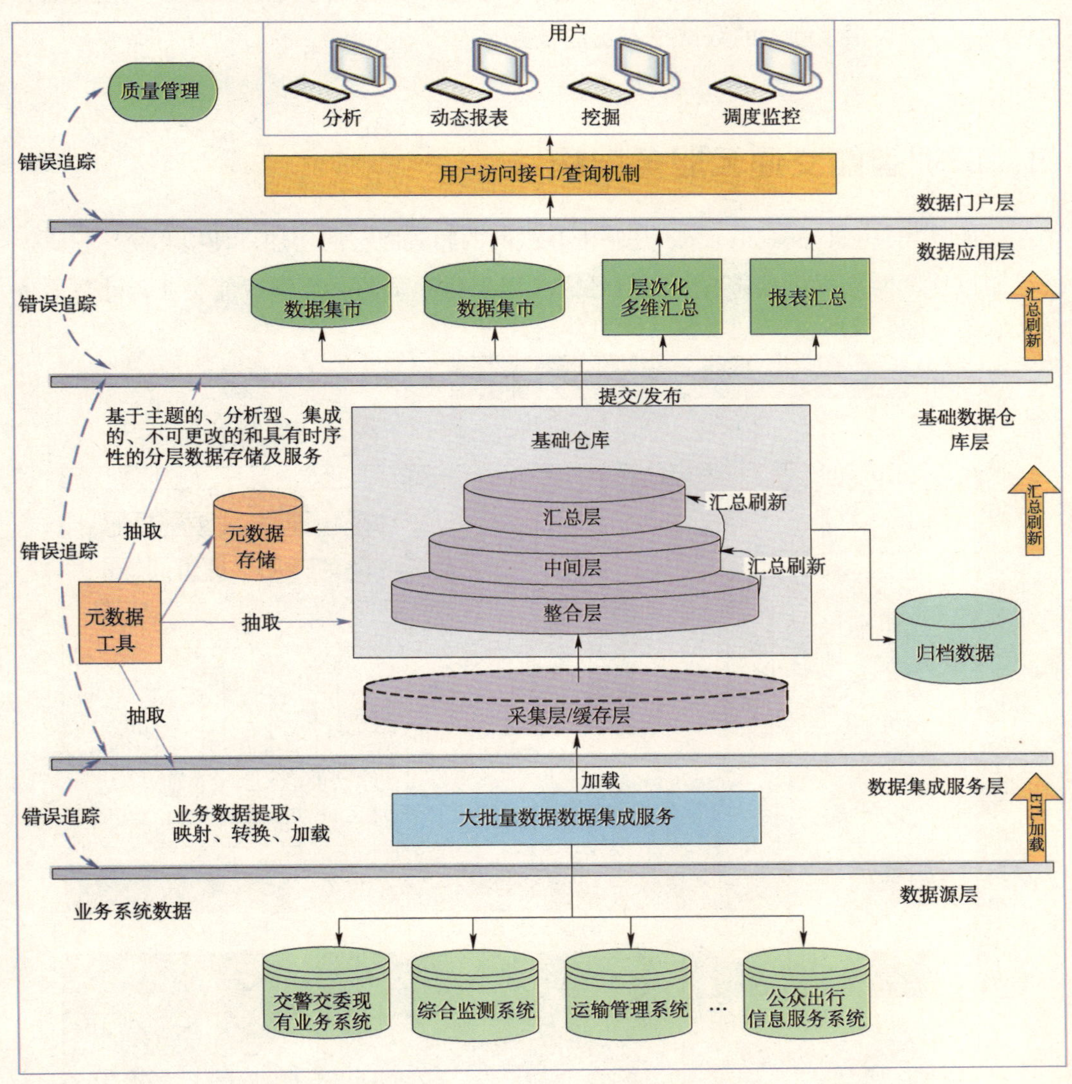

图3-20　云环境系统架构图

目前，云环境中心采集了交通运输行业的各类动静态数据，包括交通路网基础设施数据、交通运政管理数据、营运车辆GPS数据、公交、地铁、出租车、长途客运、铁路、民航营运数据、深圳通刷卡数据、交通联网视频监控数据、手机移动信令数据等，年数据存储量超过500TB。

云环境中心还通过数据仓库技术，根据主要的业务类别，对上述数据进行加工处理，分别建立了战略级、发展指标级、统计报表级和业务级主题数据库，为主管的行业管理决策，提供了强大的数据技术支持服务。

四、深圳智能交通云服务架构

云计算（cloud computing）是基于互联网的相关服务的增加、使用和交付模式，通常通过互联网来提供动态易扩展且经常是虚拟化的资源。深圳智能交通云计算服务技术架构如图3-21所示。

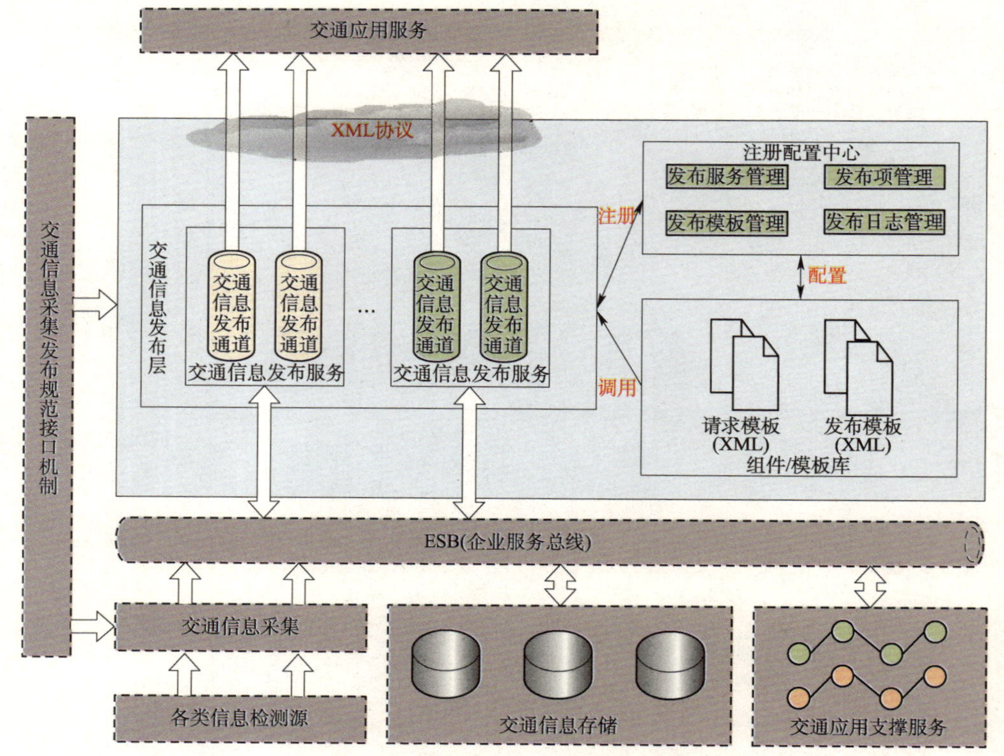

图3-21　综合交通数据资源中心系统结构图

深圳智能交通云计算服务平台具有以下几个主要特征。

（1）**资源配置动态化**。根据消费者的需求动态划分或释放不同的物理和虚拟资源，当增加一个需求时，可通过增加可用的资源进行匹配，实现资源的快速弹性提供；如果用户不再使用这部分资源时，可释放这些资源。云计算为客户提供的这种能力是无限的，实现了IT资源利用的可扩展性。

（2）**需求服务自助化**。云计算为客户提供自助化的资源服务，用户无需同提供商交互就可自动得到自助的计算资源能力。同时云系统为客户提供一定的应用服务目录，客户可采用自助方式选择满足自身需求的服务项目和内容。

（3）**网络访问便捷化**。客户可借助不同的终端设备，通过标准的应用实现对网络访问的可用能力，使对网络的访问无处不在。

（4）**服务可计量化**。在提供云服务过程中，针对客户不同的服务类型，通过计量的方法来自动控制和优化资源配置。即资源的使用可被监测和控制，是一种即付即用的服务模式。

（5）**资源的虚拟化**。借助于虚拟化技术。将分布在不同地区的计算资源进行整合。实现基础设施资源的共享。

五、深圳智能交通云服务案例

目前，深圳智能交通云应用服务平台主要用于车载GPS数据、公交、地铁、出租车、长途客运、铁路、民航营运数据、深圳通刷卡数据、手机信令数据、视频数据等大数据的存储与计算分析服务。现以基于GPS的路网行程车速计算为例。

路网行程车速反映车辆通过特定道路的效率，易于公众感受和理解，是出行选择的重要依据，也是用于交通技术评估分析的最有效指标。出租车运营连续性强、强度大、覆盖广，涵盖全市各主要区域和主要道路。利用出租车GPS数据和浮动车技术，能够连续采集全市绝大部分区域的行程车速数据，相比传统固定检测器具有实时性好，覆盖面广、成本低等显著优点。其计算原理和方法已比较成熟，包括GPS数据接收清洗、地图匹配、路径搜索判别、样本车速计算、平均车速估计等步骤（图3-22）。

深圳市交通运输行业GPS监管平台目前已接入全市16000多台出租车（含红的和绿

的）。深圳市交通运输委通过利用超算中心的巨型计算资源，对全市16000多台出租车的GPS数据进行分析处理，实时得出路网的行程车速（图3-23），并以电子地图形式在e行网网站、“交通在手”APP和全景大交通电视直播频道等渠道发布，方便市民查询实时路况信息，指导出行选择。

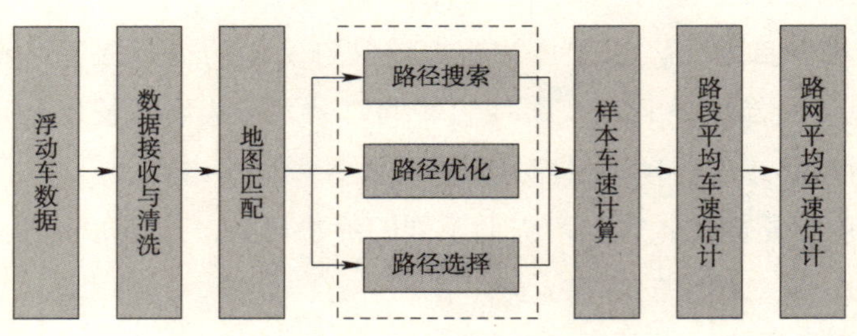

图3-22　基于GPS 数据的道路行程车速估计技术流程

图3-23　基于出租车GPS 数据行程车速分图

第四节 综合交通骨干信息网络

一、智能交通信息网络建设

信息网络是智能交通基础应用平台中的血管，通网络才能通数据、通数据才能实现基础应用。因此，深圳智能交通需要构建综合交通骨干通信网络。深圳对综合交通骨干通信网络的建设提出了“高可用性、高安全性、高响应、高带宽”严格要求，并将其规划与建设作为一项重要而紧迫的工作。在近期的相关重要规划中，对开展交通骨干传输网络建设，实现交通行业数据的传输、整合和信息共享提出了明确要求。

（1）深圳市交通运输委智能交通三年行动计划（2013—2015）：建设覆盖交通运输委及委属各单位，全市道路运输长途客运站、综合客运枢纽、地铁站、公交场站、客运码头、机场、货运枢纽、码头、堆场、物流园区、危运车辆停车场、城市道路、高速公路、口岸及二线关等骨干网络，为高清视频传输、视频会议召开和海量交通数据采集提供高带宽、高速率的骨干网络。

（2）深圳市智能交通十二五规划：连结现有的主要交通信息网络，实现交通各部门网络的互联互通，采集各部门基础交通信息，实现高效、安全的信息交换。

（3）深圳市打造国际水准公交都市五年实施方案：集成和共享政府各部门现有ITS资源，实现互联互通共享。

二、需求分析

根据深圳交通相关部门现状信息网存在问题以及未来业务拓展需求，总结信息网建设需求如下。

（一）承载交通业务数据

主要考虑交通运输委相关业务数据到信息交换平台的传输与存储需求。包括共享交通运输企业、港口码头、交通枢纽场站、机场、口岸、高速路收费中心、主要长途客运站和重要公交场站等单位已建的视频信号及业务数据信息；车辆采集和发布信息；以及流量监测系统、红绿灯管理系统等交警管理相关信息。

（二）满足交通业务支撑

为智能交通系统中其他业务系统提供技术支撑，包括交通综合监测系统、交通综合调控系统、交通运输管理系统、公众出行信息服务系统、交通运营指挥系统、交通规划及仿真系统等。

（三）数据传输及共享交换

根据未来各节点间视频、数据等业务信息传输需求以及交警的环网连接现状，合理设计满足三层次网络带宽，实现各节点间信息高速的传输；连接现有的主要交通信息网络，采集各部门基础交通信息，并对信息进行处理、融合、存储，实现高效安全的信息交换共享，满足多源信息互补，最大限度地发挥交通宏观调控、交通管理、交通指挥、运力调配等能力，为出行者、司乘人员提供多种信息服务。

（四）满足决策支持

综合处理交通业务数据，为智能化辅助决策提供数据支持平台，对交通规划、交通政策、交通基础设施建设等对城市整体交通影响进行定量化的参数评估，为管理者及政府高层提供决策服务。

（五）支持IPv6 应用

智能交通中有大量M2M应用以及海量信息存储、信息处理的需求。在深圳智能交通项目中，有很多地方可以用到IPv6技术，如RFID射频技术、GPS技术，给每辆汽车、每个交通指挥牌、每个摄像头、每个信息收集传感器等分配一个IPv6地址，通过IPv6协议收集每辆车、每条道路、每个路口的行驶信息、交通信息。因此，信息网的建设需引入IPv6应用技术。智能交通IPv6需求如下：

（1）智能交通网络平台中所有网络传输、交换与安全设备都支持 IPv6 的海量

IP 地址；

（2）智能交通网络平台中如果有终端设备需要即插即用，网络也可以自动配置分配IPv6地址给该设备；

（3）智能交通网络平台中针对移动办公设备，网络也可以自动配置分配IPv6 地址给该设备；

（4）目前深圳机动车保有量突破300万辆，考虑ITS远景发展目标，结合未来深圳物联网的应用，实行对单车动态管理监控服务，交通汇集交换网络IPv6部署需求就显得尤为重要了。

三、规划目标

（一）总体目标

按照市相关规划指示，深圳市交通骨干信息网建设的总体目标是基于深圳市交通运输委通信网络的组织架构特点和未来业务需求，按照支撑“大交通、大智能、大数据”的要求，构建深圳市交通运输行业各类数据传输骨干信息网络，实现各部门信息资源的互通共享，为深圳市交通运输管理和智能交通发展提供通信网络平台（图3-24）。

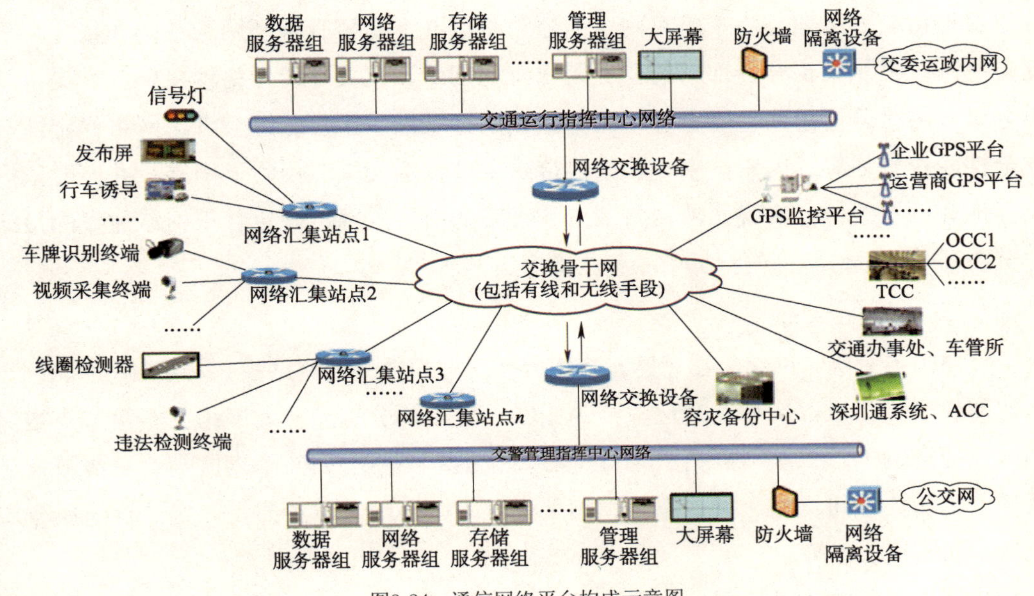

图3-24 通信网络平台构成示意图

（二）分项目标

（1）**统一平台**：建设高速、安全、可用、互联互通的网络平台，营造一个具备多级安全防护、统一运维管理、集中数据存储备份的基础网络环境，为数据的共享交换和综合利用提供支撑与保障。

（2）**分层管理**：满足深圳市交通运输委组织架构特点，智能主、分中心协调运作、委机关、各派出机构、事业单位按事权划分和业务特点的数据传输要求。

（3）**互联互通**：实现深圳市交通运输委内部、与政府相关部门、与主要场站枢纽、信息汇集节点各大高速公路、客运站场、机场、交通枢纽、火车站、港口等的数据交换。

（4）**海量、高速**：视频和海量数据的高速、稳定传输。

（5）**安全保障**：制订覆盖网络层安全、系统和信息层安全、异地容灾、安全制度等方面的一整套系统安全策略，保证系统安全稳定的运行。

四、规划思路

（一）总体思路

深圳市交通运输委骨干信息网络的建设将以共享交警骨干环网为基础和依托，根据自身系统组织架构和各部门的业务需求，识别节点重要性及网络连接要求，提出节点分级，网络分层思路，结合骨干网络建设的客观技术条件，综合考虑网络稳定性、安全性和投资估算等因素，率先构建连接重要节点的交委专用骨干网络，并同时依据实际地理位置条件，实现其他网络节点和链路的衔接入网，确定骨干网络建设的最终方案。基于骨干信息网的指挥中心架构如图3-25所示。

（二）分区分级

按照节点分级、网络分层思路，提出“四级三层次”的网络规划（图3-26）。

四级节点指以深圳市交通运输委为中心、各部门分等级接入网络：一级节点指深圳市交通运输委，二级节点指17个分中心，包括9个专业局和8个辖区局；三级节点包括派出机构、枢纽场站、智能系统、相关企业等；四级节点主要是三级节点下属分支机构、系统接入点等。

三层次网络分为骨干层、汇聚层、接入层。骨干层连接一级及重要的二级节点，汇聚层连接剩余的二级节点，接入层连接二、三级及三、四级节点。

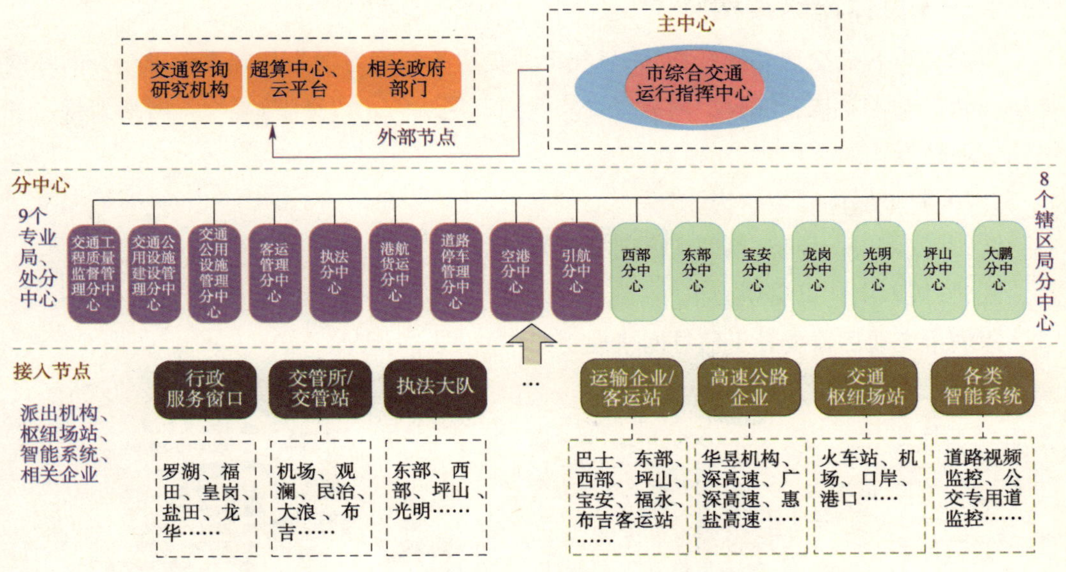

图3-25　交通运输委指挥中心示意图

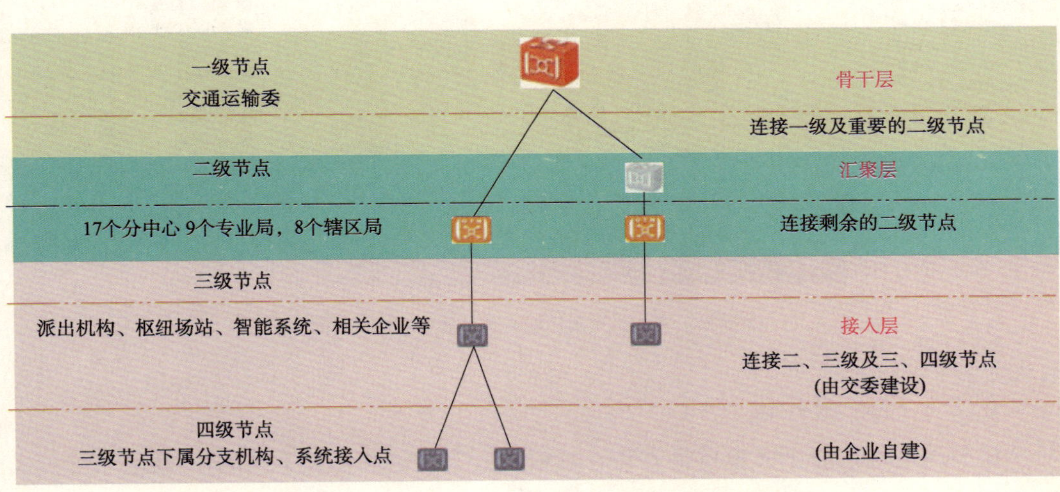

图3-26　“四级三层次”网络规划示意图

五、骨干网规划

（一）总体网络架构

以深圳市智能交通系统一期（“1+6”）提出的环网方案为基础，考虑交警的环网连接现状，确定本次交通骨干网络采用“四级三层次”、“环型+星型”网络架构，各网络层连接方式如下。

（1）骨干层：环型结构。

（2）汇聚层：环型+星型（近期主要为星型）。

（3）接入层：以星型为主。

深圳市交通运输委骨干信息网络规划架构如图3-27所示。

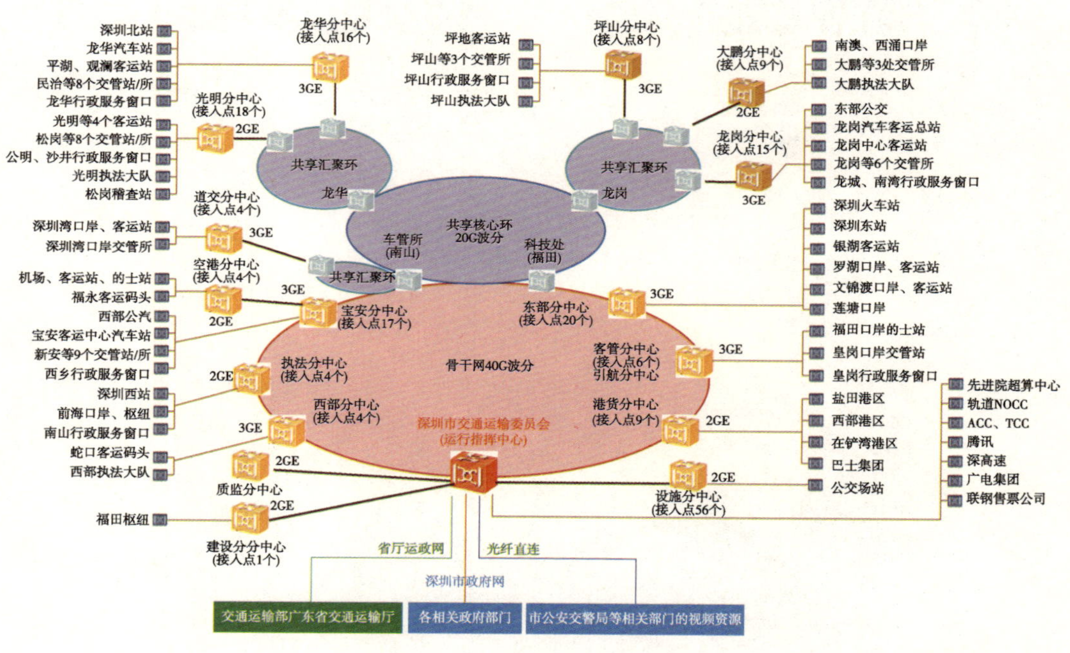

图3-27　深圳市交通运输委骨干信息网络架构图

（二）接入路径设计

按照就近接入原则（投资最省与管理最优），选定共建骨干网的7个核心节点或其汇聚环网的下属二级节点作为光传输网核心层与汇聚层的DWDM（波分复用）节点，7个核心节点有：市公安局、科技处、车管处、宝安、龙岗、龙华、盐田。将深圳市交通运输委节点一、二级节点接入骨干环网的核心节点，形成骨干层及汇聚层，具体线路设计如下。

（1）深圳市交通运输委传输网将根据各节点实际地理位置，将与其相邻位置较近的节点相连成环再接入核心环（7个节点）中，将深圳市交通运输委、宝安分中心、西部分中心、执法分中心、港货分中心、客管分中心、东部分中心等机构组环接入车管处、科技处核心节点，形成环形结构的骨干层。

（2）对于地理位置相对偏远的节点，将按就近接入原则，接入已形成骨干层的节点或传输网络的汇聚环（45个节点）中，形成汇聚层。

（3）接入节点接入分中心网络拓扑结构主要以星型为主。接入节点划分三级及四级节点，三级节点直接接入分中心，四级节点则接入三级节点，共同构成接入层。

（三）带宽设计

根据未来各节点间视频、数据等信息传输需求，结合“1+6”进行链路带宽的初步设计（图3-28）。深圳市交通运输委骨干层接入“1+6”共享交警环网，带宽40G，主中心和分中心带宽2GE（2.5G）或3GE（3.75G），满足同时调看72路高清视频要求。分中心与接入点主要满足传送视频、数据，以接入高清视频数和留冗余，带宽要求在100M到1G之间。重要支撑节点（如超算中心）对数据传输效率要求较高，带宽要求在500M以上。

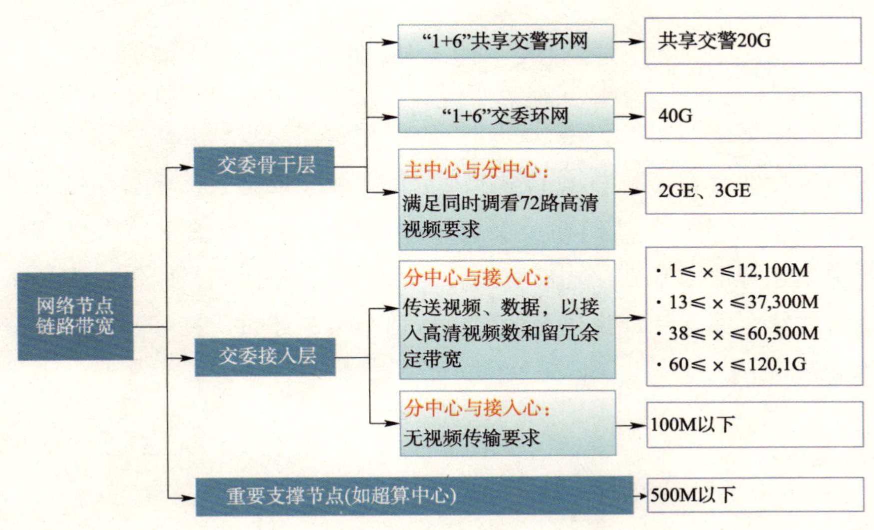

图3-28 带宽初步设计图

根据深圳市交通运输委骨干网的等级划分，确定三层次网络带宽设计的原则及要求如下。

1. 骨干层

共享交警环网的带宽20G，交委环网带宽40G（点对点1.25 GX2）。

2. 汇聚层

分中心至共用网络汇聚点2GE（2.5G）、3GE（3.75G），汇聚节点至骨干网络2GE（2.5G）。

3. 接入层

（1）传输视频量大、承担重要交通业务功能，如交通枢纽、重要口岸、机场、港区等重要节点500M；

（2）传输视频量较大、承担较重要交通业务功能的节点，如客运站、部分企业等，100M ≤带宽＜500M；

（3）传输需求较低，无视频或视频传输要求少的节点，如各类交管站/所、行政服务窗口等带宽＜100M。

本章小结

深圳在智能交通的发展和建设过程中始终重视顶层设计并围绕顶层设计开展交通基础应用平台的建设，将两项工作作为全市智能交通建设的核心和中流砥柱。建载体、促共享、云计算、通网络是交通基础应用平台建设的主体支撑，只有高标准、严要求地建好四大基础，才能有全行业应用和服务的高楼大厦。深圳未来的智能交通，将继续全面深化、优化交通基础应用平台的建设，打好基础，打造智慧交通引领新常态。

第四章
深圳市综合交通运行监测平台

综合交通运行监测应用信息化技术，在推动路网运行状态监测、提高交通运行效率、提升应急协同能力、保障运输生产安全方面发挥着重要的作用。深圳市综合交通运行监测平台以增强运行监测手段为切入点，以交通运行指数监测系统、交通运输GPS综合监管系统、综合交通运行视频监控系统为建设重点，着力打造一个交通运行“数字化”“摸得着”“看得清”“看得准”的综合交通运行监测平台。

第一节　道路交通运行监测

一、交通运行需要“数字化”

“交通拥堵不拥堵，堵到什么程度”，这是出行者和管理者对于出行和拥堵管理不得不面对的问题。但交通拥堵不同于交通运行中的其他指标（车速、出行时间等），它是一个因人而异的指标，不同地区不同的人对拥堵的感受程度是不一样的，所以有必要通过确立一种标准来衡量道路的交通运行状态，将交通运行状态量化，形成数字化的评判标准，供出行者和管理者决策参考。信息化、智能化、大数据时代的到来为交通运行的数字量化提供了契机。为全面准确地评估量化道路拥堵状况、动态监测变化趋势，制订缓解交通拥堵各项政策措施、跟踪评估政策效果提供技术基础，深圳市交通运输委组织开展了深圳市道路交通运行指数监测系统建设，并于2012年11月21日正式上线。

二、拥堵监测和发布势在必行

（一）道路交通拥堵状况日趋严重，亟需采取措施着力改善

随着城市发展与居民收入水平的提高，深圳市机动车保有量持续快速增长，近5年年均增长率约16%，车辆密度每公里约为500辆，远超国际上270辆/公里警戒线，车辆密度高居全国首位。道路建设规模持续扩大，已难以满足过快增长的机动化（尤其是小汽车）交通需求。高峰期间道路交通拥堵状况日趋严重，拥堵区域逐步由中心城区

向外围扩散，交通拥堵时段延长，平均车速逐年下降，随之而来的交通环境、交通安全、停车紧张等问题也越来越严峻，对社会经济发展和民生幸福保障构成严重威胁。因此，尽快采取综合措施改善和治理城市交通拥堵，已成为所有交通参与者和管理者的共识和紧迫任务。

（二）道路交通运行科学评价是治理交通拥堵的关键技术基础

按照国内外城市经验，以先进成熟的理论研究为基础建立交通运行评价指标体系，以智能化自动化的交通信息采集和处理技术为基础开展道路交通评价，能够全面准确地评估道路拥堵状况、动态监测变化趋势，为研究拥堵产生机理、分析交通系统存在问题、制订改善和治理方案等工作提供定量化的分析手段和科学依据，是交通管理部门制订缓解交通拥堵各项政策措施、合理安排基础设施建设时序、重大事件应急处理等工作的技术基础，有助于提升交通运行管理的科技化和信息化水平，对于政府制订土地开发、产业经济等与交通相关的城市发展政策也具有重要的参考价值。

（三）监测交通运行态势变化是评估交通政策效果的最佳手段

道路交通运行评价为分析城市和交通重大发展和政策措施对城市交通系统的实际影响提供了定量化的技术手段。通过对比交通状况前后的变化，能够有效评估交叉口、道路等交通设施新建或改造，调整停车收费费用等交通管理政策措施，以及交通规划设计方案和交通政策措施的实施效果，还能分析新区开发、产业调整等重大城市发展政策调整对交通系统的影响。

（四）发布道路交通运行指数对于引导市民合理出行具有重要意义

随着城市机动化水平的提高，市民出行日益频繁，对于获取实时路况等交通出行信息的需求也日益增强。应对这些需求，利用网站、手机、电视、交通信息屏、广播等多种渠道向社会公众发布实时动态道路交通运行指数，便于市民及时、全面了解城市道路交通运行态势，合理选择出行时间、方式和路径。交通运行指数发布既是一项“便民利民”的交通信息服务民生工程，也能对调控拥堵区域和路段交通出行需求、缓解道路交通压力起到积极作用。

三、道路交通运行评价模型

（一）城市道路交通运行模型

深圳市道路交通运行指数是宏观反映城市整体或区域道路网的交通拥堵水平的指标。城市道路交通运行指数是以浮动车数据为基础推算判断道路路网交通运行态势。目前，利用浮动车GPS数据推算判断道路路况的技术方法已比较成熟，世界各地相继采用了浮动车GPS数据推算当地的交通路况运行态势。深圳全市拥有16000多辆出租车实时的GPS数据，由于出租车具有运营连续性强、强度大、覆盖广，涵盖全市各主要区域和主要道路等特点，因此，深圳市选择了出租车的GPS数据作为浮动车数据计算城市道路交通运行指数。

深圳市城市路网交通运行态势的判断计算过程主要通过接收与预处理GPS数据、然后通过地图投影以及地图匹配等技术实现车辆在城市路网中的定位，并通过车辆速度推算路段平均行程车速、行程时间，判别路段交通运行态势，最后通过路段的的交通态势推算路网交通运行态势。路网交通运行态势判断推算流程如图4-1所示。

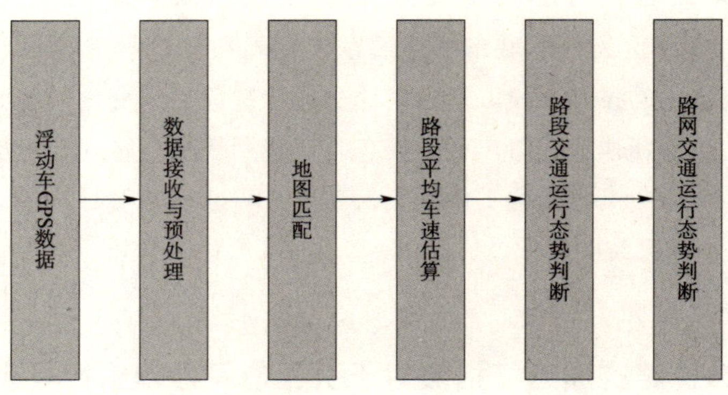

图4-1　基于浮动车GPS数据的路网交通运行态势判断推算流程

1. 浮动车GPS数据

GPS数据包括终端编号、时间以及车辆的地理坐标、车辆实时车速、车辆的行驶方向等，其中，车辆的地理数据是以经纬度为坐标体系，可通过地图投影以及地图匹配等技术实现车辆在城市路网中的定位。

2. 数据接收与预处理

接收浮动车数据，并对浮动车异常数据进行清洗和修正处理。

3. 地图匹配

将GPS数据与地图数据进行比较，通过地图匹配算法对数据进行处理，以确定车辆行驶的路段及具体位置。

4. 路段平均车速估算

基于样本浮动车的数据，统计分析推算出路段平均车速及路段平均行驶时间。

5. 路段交通运行态势判断

通过路段平均车速和行程时间预测的结果判断路段交通运行等级。

6. 路网交通运行态势判断

计算实际平均出行时间与期望平均出行时间的比值，根据出行时间比值与交通指数的换算关系，计算交通指数，进而确定全路网拥堵等级。

目前，深圳市道路交通运行指数在统计周期内反映城市整体或区域道路总体运行状况的相对值取值范围为[0,10]，值越大说明路网拥堵越严重。

（二）基于手机信令数据的高快速路交通运行模型

除了深圳市城市道路路况外，城市周边的高快速路路况同样也受到市民的关注。为此，深圳市交通运输委利用手机信令数据的优势，通过采集手机信令数据推算深圳市高快速路路况运行态势，实现高快速路的交通运行监测。

基于手机数据的交通路况信息采集是利用手机通信网络中的位置信息来分析推算动态道路交通运行态势。通过采集手机网络中的信息，分析手机信令数据基本特征，对信令数据进行预处理，然后建立交通模型并进行分析计算，确定训练模型参数，结合交通流理论分析推算高快速路网动态交通运行态势。手机信令数据逻辑架构主要包括数据的接入、数据的处理及数据的发布三部分，逻辑架构如图4-2所示。

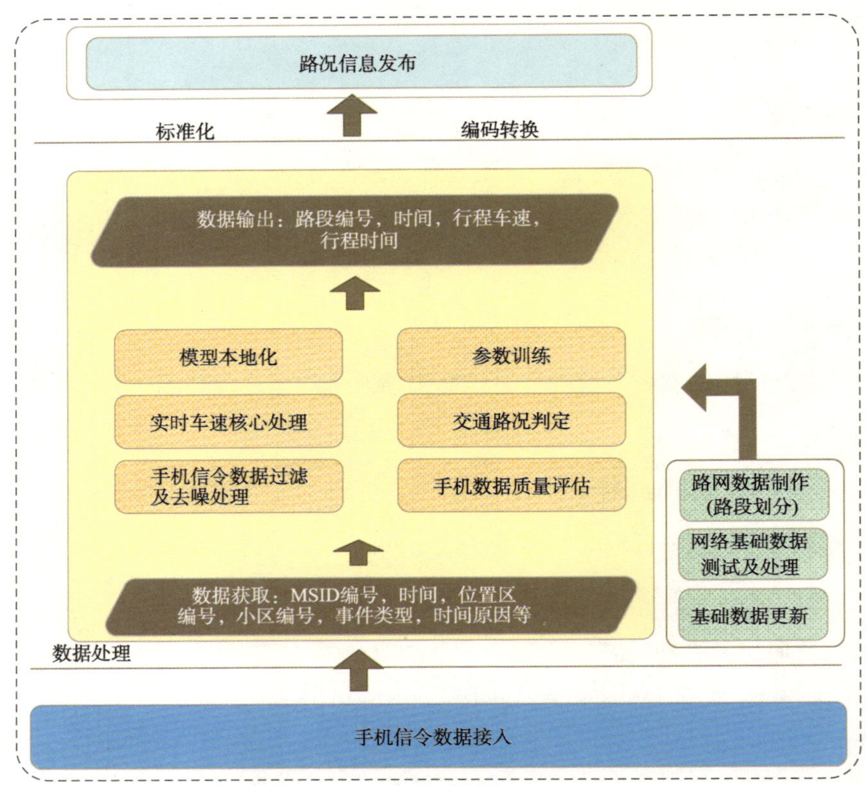

图4-2　手机信令数据接入逻辑框架图

1. 手机信令数据获取

将移动运营商信令采集平台的手机信令数据通过专线传输通道，提供给手机数据处理模块，数据内容包括单一用户唯一标识，事件发生相关信息等。

2. 手机数据处理

将接入的手机原始信令数据，结合路网基础数据、移动通信网络地理数据以及交通参数，经特有的交通算法模型进行地图匹配、样本过滤、数据融合、车速估计，获得路段的行驶速度及出行时间；再通过状态估计、状态预测模型获得路段的实时交通状态。同时，通过参数校准模型不断训练完善系统中的各类参数，开展校正与优化工作，保障交通信息的准确性。

3. 数据发布

为支撑深圳市高快速路交通信息服务发布需求，将获取的基于路段的交通路况信息，通过编码转换和标准化处理，形成可以对T-GIS平台对接的数据发布接口，为市民提供高快速路路况信息服务（图4-3）。

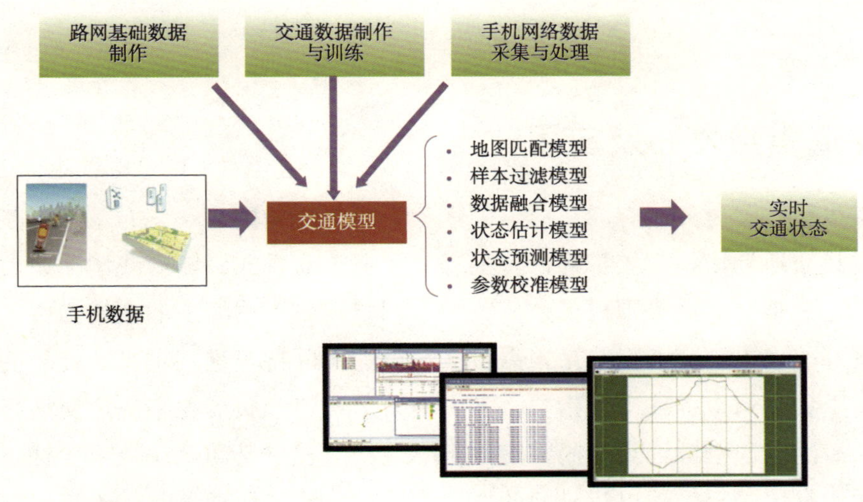

图4-3　基于手机信令采集的交通路况信息发布流程

四、道路交通运行评估指标体系

道路交通运行指数（简称“交通指数”）是对道路整体运行水平这一抽象概念进行量化评估的综合性指标。项目定义一种基于出行时间的交通运行指数（Traffic Performance Index，TPI），取值范围为0-10，分为畅通（0-2）、基本畅通（2-4）、缓行（4-6）、轻度拥堵（6-8）和拥堵（8-10）五个等级（图4-4）。其中出行时间比是路段或路网实际行程时间与期望行程时间的比值，表征当前路况下相比期望车速情形下多花费的时间。

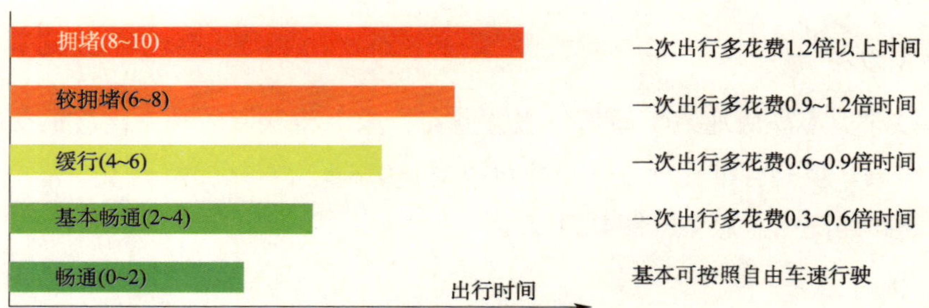

图4-4　交通指数与出行时间关系示意图

五、交通指数发布及应用

交通指数在国内外已有成功应用的经验。例如，美国每年发布《城市畅通性报告》，选择交通拥堵指数等指标，定期评估并向公众发布。随着我国交通信息化的不断推进，北京、上海等国内城市研究了不同定义、不同算法的交通指数，发布并取得了良好的效果。交通指数是根据所在城市的实际特点进行定义和计算的，北京采用拥堵里程比例来描述交通指数，上海则采用车速和负荷比来描述交通指数，与北京、上海的交通指数计算不同，深圳市交通指数在定义和算法上主要针对深圳城市和交通运行情况，采用出行时间的概念，通过大量实地调查和问询标定参数，建立拥堵等级划分标准和指数计算模型，较好地符合了深圳市居民对道路状况的实际感受。

深圳市交通运输委通过门户网站、手机、电视等多种途经向社会公众发布，便于广大市民及时掌握相关交通出行信息，合理选择出行路径，实现智慧出行。

（一）为市民提供出行信息服务

市民通过访问交通指数网站，“交通在手”手机APP应用能够方便地查询和了解到全市、热点片区以及道路关口等不同范围的交通指数。交通指数红色代表拥堵、黄色代表缓行、绿色代表畅通，中间还有相应的过渡状态，实现道路交通运行指数的实时发布，为交通改善提供数据支撑（图4-5至图4-8）。

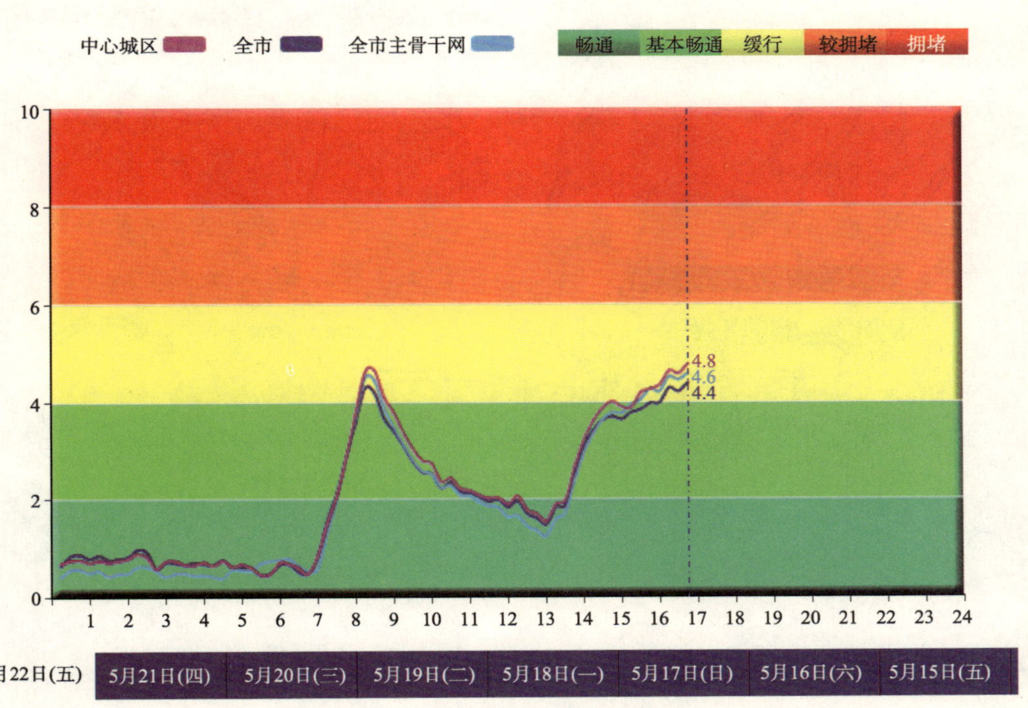

图4-5 全市道路交通运行指数

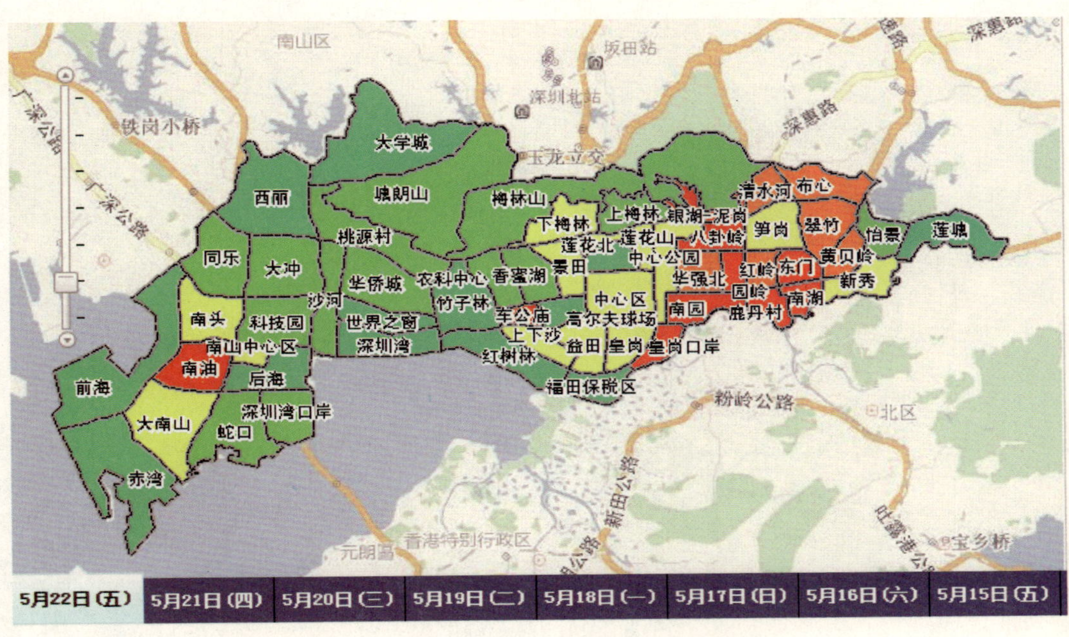

图4-6 热点片区交通运行指数概况

图4-7　深圳市城市道路交通路况

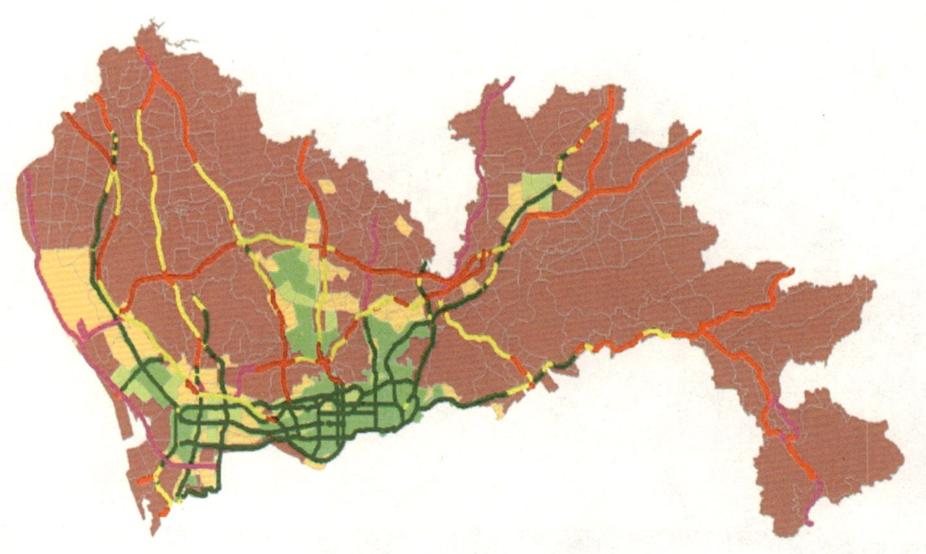

图4-8　深圳市高快速路路况

市民利用实时的“五色”交通指数，学会“察颜观色”，能够科学选择出行目的地、出行时间、出行方式和出行路径，将大大提高出行效率，减少因拥堵造成的等待时间（图4-9）。比如：

（1）开车去哪？根据交通指数反映的拥堵状况，从市民中心出发，决定晚上去香蜜湖还是去罗湖万象城吃饭。

（2）什么时候？观察交通指数曲线变化，找个不太堵的时间去看望老同事。

（3）开不开车？出发前看看当前路况，考虑去市民中心办事是开车快还是坐地铁更快。

（4）走哪条路？下班回家前查下可选择线路的路况，提前判断走深南大道快还是走北环更快。

图4-9 道路运行状况分级图

（二）为政府提供决策支持

全面、客观地掌握交通运行状态，对于交通拥堵治理相关的政策制订具有重要的决策支持意义，有力提升了交通规划、建设、管理决策的科学水平。城市交通管理部门利用交通指数，能够动态监测道路拥堵状况和变化趋势，识别判断交通拥堵片区、路段和节点，及时制订相关应急措施应对交通拥堵情况；科学评估重大交通基础建设（如轨道、干线道路等）、交通事件（特殊天气、交通事故等）的影响，作为重大交通政策的考核目标和定量评估手段。

第二节　构建全市交通运输行业卫星定位监管

一、交通运行需要“摸得着”

为加强对深圳市交通运输车辆的有效监管，提高科技化管理水平，深圳交通运输委于2009年投资建设了深圳市交通运输行业GPS综合监管系统（图4-10）。目前，GPS监管系统已接入超过30万辆车辆GPS数据，覆盖范围包括城市及城际交通运输车辆，其中深圳市内1.6万辆常规公交GPS数据、16814辆出租车、3145辆旅游包车、1542辆市际客车、1064辆省际客车、2087辆危险品车辆、21707辆重型货车、9215辆泥头车以及共享广东省交通厅提供的17万辆“两客一危”GPS数据，为道路运输车辆的安全生产和应急维稳、提供了有效的监管手段，实现了市交通运输委职责范围内交通运输行业多元化监管，交通运输车辆运行过程的全程监控；较好地提高了交通运输行业的整体管理和服务水平，在安全监管方面发挥了积极的作用，同时也为“深莞惠”三地交通运输协同监管奠定了良好的基础。

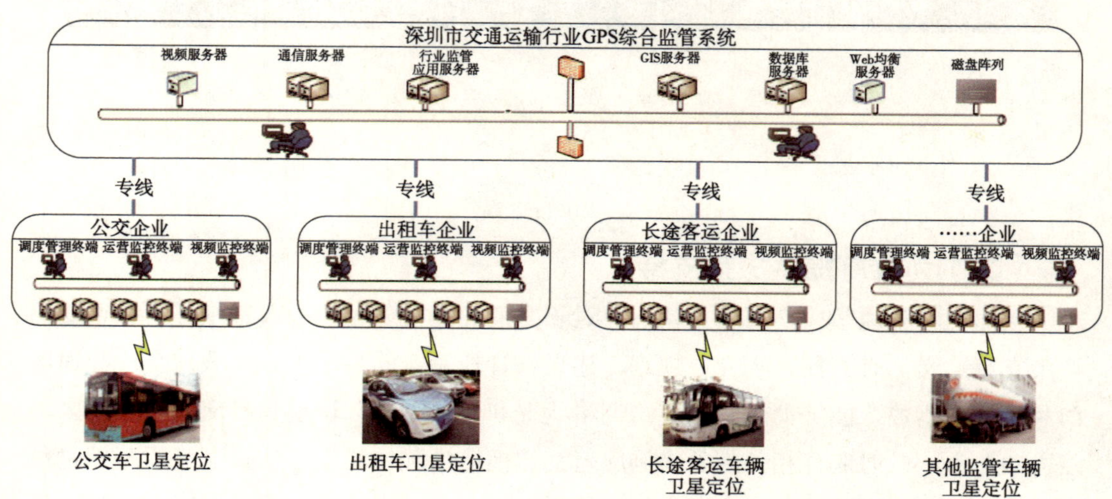

图4-10　深圳市交通运输行业GPS综合交通监管拓扑图

二、多元化的监管体系

深圳市交通运输行业GPS综合监管系统主要对常规公交车、长途客运车辆、旅游包车、出租车、危险品车等车辆的安全运行监管。

（一）常规公交车运行监管

在整合深圳现有三家公交特许经营企业的公交信息资源的基础上，搭建公交GPS监管环境（图4-11）。通过分析处理车载GPS数据实现对公交车辆运行实时监控、运营监管、安全及服务监管和线网分析等功能，为深圳公交企业管理和政府行业监管提供决策支持。

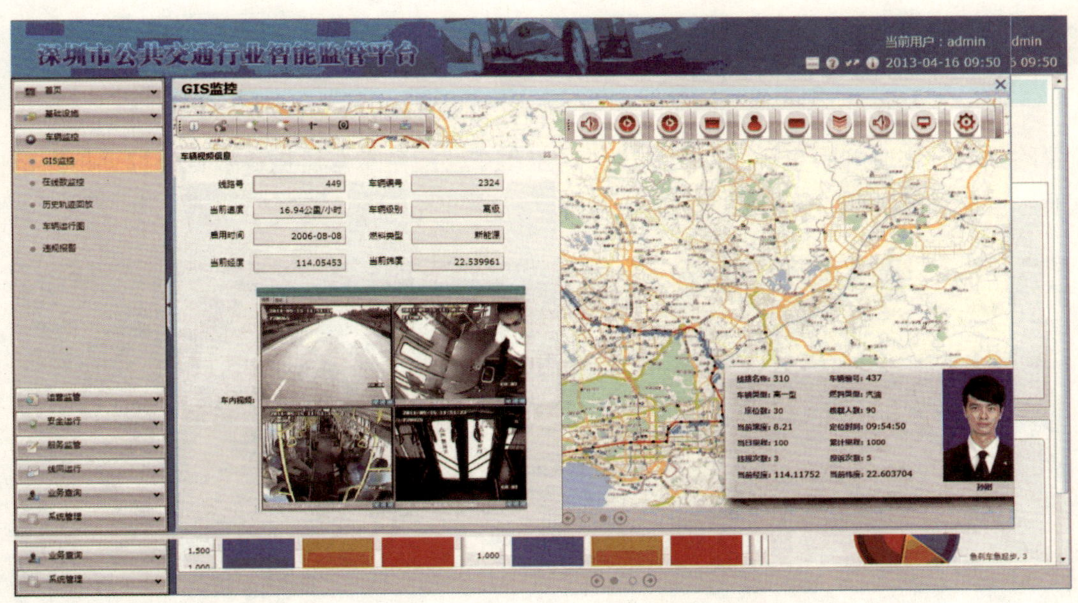

图4-11 常规公交车运行监管

（二）长途客运、旅游包车运行监管

实时接入全市2500多辆长途客车、3145辆旅游包车GPS数据，通过对客运车辆运行状态（包括车辆超速、GPS掉线、车内视频、疲劳驾驶等）的实时监控，实现安全监管由事后处罚向事前预防转变，企业由被动接受管理向主动参与管理转变（图4-12）。

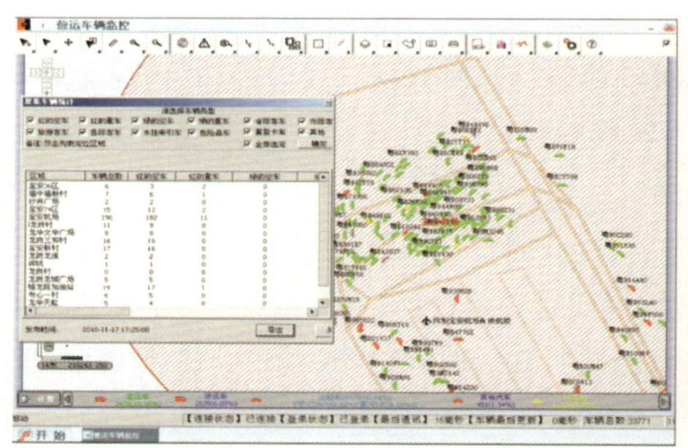

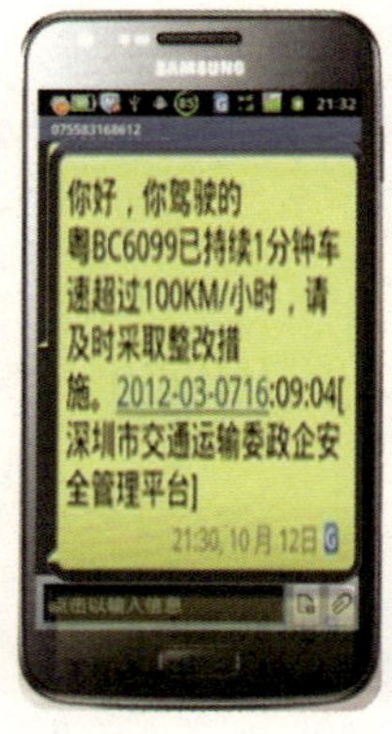

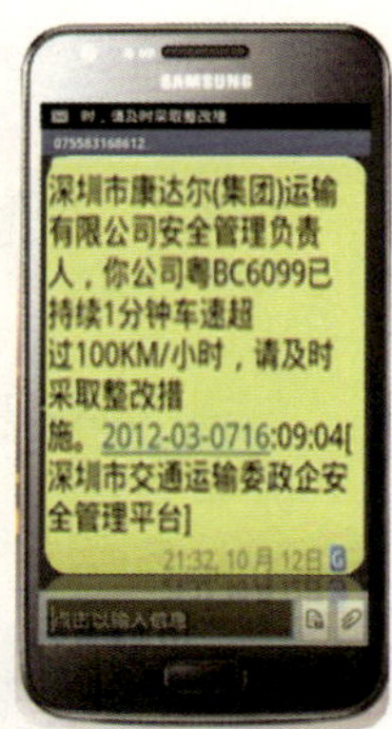

图4-12 长途客运车辆GPS的安全运行监管

（三）出租车运行监管

实时接入16000多辆出租车GPS数据（图4-13）。通过对出租车运行轨迹、空间位置的分析，实时判断车辆的稳定状态；对出租车营运空重车比例等数据进行分析，全面监控全市出租车运营状况。

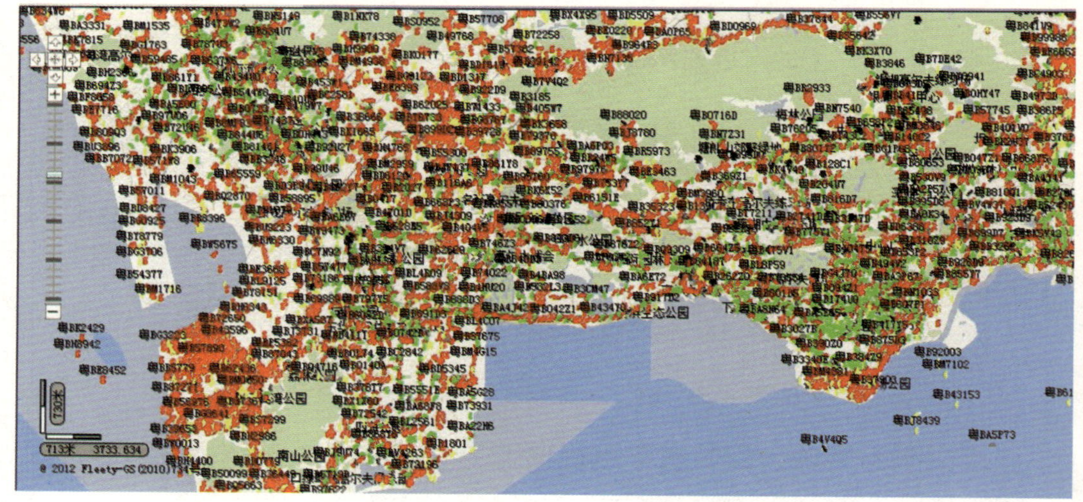

图4-13 出租车GPS运营监管

（四）危险品车运行监管

加强对危险品运输车辆的监管，实时掌握2087辆车的运行情况（运什么、运多少、去哪里、在哪里、怎么走、开多快、谁开车、谁押运），全面监控危险货物运输申报流程，实现危险品货物运输全过程监管（图4-14）。

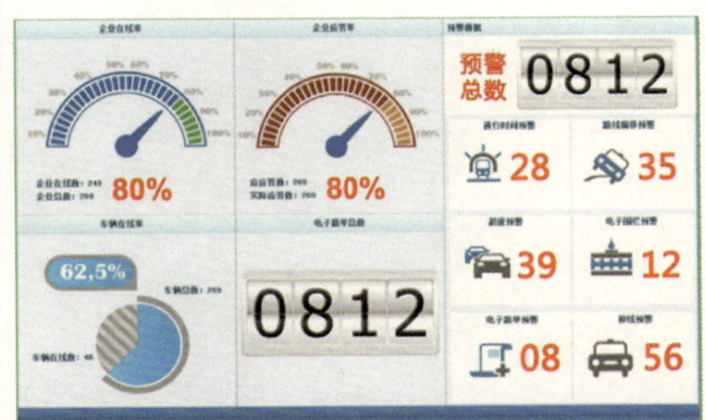

图4-14 危险品运输车辆安全运行监管

三、多样化的监管功能

深圳市交通运输行业GPS综合监管系统利用全球定位技术，通过无线数据传输并配合计算机软件对车辆的各项静态和动态信息进行管理，不仅实现了多元化的运输车辆的监管接入，而且在监管功能上也多样化，充分利用了车辆运行的动态数据，数据分析管理功能多样化，在企业/政府交通管理中充分发挥方便、快速、准确的数据监控、统计、传输、记录、分析的优势，有效控制交通风险，提高运行效率，提升交通安全智能化监管水平。

（一）地图信息功能

实现地图的20多项基本操作功能。基于一市一图的理念，地图包含详细的地理空间等信息资源，精确显示车辆周边的停车场、加油站、工厂、各种级别的公路等。

（二）车辆监管功能

实现所有的车辆在同一幅地图上同时显示，根据车辆的位置和数量，系统自动将地图调整到最合适的比例尺，所有车辆的实时位置和状态一目了然（图4-15）。

图4-15　交通运输车辆实时位置监控

（三）各运输生产车辆专项功能

包括常规公交车、出租车、长途客车、旅游包车、危险品车辆、重型货车，实现车辆超速、驾驶行为等安全运行监测功能。

（四）统计报表功能

实现公交车、出租车、长途客车、旅游包车、危险品车辆、重型货车的报表统计功能，如超速报警查询（图4-16）、运营调度查询、行驶区域偏移等功能。

客车超速报警查询

查询条件

号牌号码:　企业名称:　结果数:20
超速速度:　至　(公里/小时)　开始时间:2009-12-10 00:00　结束时间:2009-12-11 00:00
排序方式1:报警时间　排序方式2:公司　查询

查询结果 当前数/总数:20/371 当前页/总页数:1/19 导出

序号	公司名称	运营商名称	号牌号码	报警时间	持续时间(分:秒)	速度
1	深圳市中旅东部旅游运输有限公司	广东神盾移动资讯有限公司	粤B66331	2009-12-10 09:36:47--2009-12-10 09:38:51	2:4	107
2	深圳市康达尔(集团)运输有限公司	广东神盾移动资讯有限公司	粤B81868	2009-12-10 09:31:47--2009-12-10 09:35:29	3:42	107
3	深圳市康达尔(集团)运输有限公司	广东神盾移动资讯有限公司	粤B34829	2009-12-10 09:30:17--2009-12-10 09:32:26	2:9	107
4	深圳市宝路华新达运输有限公司	深圳市宝路华运输(集团)有限公司	粤B87486	2009-12-10 09:29:43--2009-12-10 09:32:43	3:0	107
5	深圳市华光达运输实业有限公司	深圳市慧眼通科技有限公司	粤B81625	2009-12-10 09:29:31--2009-12-10 09:31:49	2:18	106
6	深圳市宝路华新达运输有限公司	深圳市宝路华运输(集团)有限公司	粤BE1297	2009-12-10 09:28:34--2009-12-10 09:33:35	5:1	125
7	深圳市安通运输集团有限公司	深圳市安通运输集团有限公司	粤B36564	2009-12-10 09:27:17--2009-12-10 09:30:18	3:1	104
8	新国线集团(深圳)客运有限公司	深圳市中南运输集团有限公司	粤B83092	2009-12-10 09:26:44--2009-12-10 09:29:45	3:1	106
9	新国线集团(深圳)客运有限公司	深圳市中南运输集团有限公司	粤B63010	2009-12-10 09:26:29--2009-12-10 09:32:59	6:30	116
10	深圳市宝路华新达运输有限公司	深圳市宝路华运输(集团)有限公司	粤B66118	2009-12-10 09:25:14--2009-12-10 09:27:14	2:0	105
11	深圳市宝路华宝龙运输有限公司	深圳市宝路华运输(集团)有限公司	粤BC2590	2009-12-10 09:25:01--2009-12-10 09:28:01	3:0	105
12	深圳市宝路华新达运输有限公司	深圳市宝路华运输(集团)有限公司	粤B87486	2009-12-10 09:24:42--2009-12-10 09:27:43	3:1	103
13	深圳市粤安运输有限公司	深圳市慧眼通科技有限公司	粤BE1042	2009-12-10 09:24:34--2009-12-10 09:27:50	3:16	107
14	深圳市宝路华新达运输有限公司	深圳市宝路华运输(集团)有限公司	粤B35850	2009-12-10 09:24:31--2009-12-10 09:27:31	3:0	107
15	深圳市宝路华新达运输有限公司	深圳市宝路华运输(集团)有限公司	粤B98433	2009-12-10 09:24:29--2009-12-10 09:34:29	10:0	124
16	深圳新锦澜汽车运输有限公司	上海飞田通信技术有限公司	粤B18488	2009-12-10 09:23:45--2009-12-10 09:26:25	2:40	103
17	深圳市中旅东部旅游运输有限公司	广东神盾移动资讯有限公司	粤B63511	2009-12-10 09:23:33--2009-12-10 09:27:26	3:53	109

轨迹回放　轨迹报表　首页　上一页　下一页　尾页

图4-16　客车超速报警查询报表

（五）其他功能

包括数据传输监控，实时监控运营商数据上传情况；企业、车辆等基础信息的管理；数据交换功能，与广东省运政系统、广东省交通厅GPS平台之间数据共享和交换。

第三节 综合交通运行视频监控

一、交通运行需要“看得清、看得准”

综合交通运行视频监控是实现交通运输智能化、信息化监管的重要举措。通过视频监控及视频识别分析，能有效地对交通运行实现监管以及对交通运行态势实现预判。为此，深圳市交通运输委积极开展视频联网系统建设，整合交通行业视频监控数据，扩大视频监控范围，提高现有的视频监控网络速度，实现现有各类视频监控设备的联网和视频信息资源的充分共享，为提高场站（港口）的交通运输安全，规范场站（港口）、客货运市场的营运秩序，提升紧急事件的处理能力，场站（港口）等的信息化管理水平，以及为交通管理部门提供全方位的视频监控，实时监测道路交通运行态势、违法取证、安防监控提供可视化的监管手段。同时，有针对性地在城市重点道路路段、交通枢纽场站、口岸的士场站的人流、车流密集集散区域布设视频设备，采用先进的视频分析、识别技术对重点区域的交通运行情况实行监测，实现人流、车流的实时统计、监测、及预警以及研判交通事件的发生，为交通管理部门有效的交通监管提供了支撑。

二、全覆盖的可视化监控体系

自2008年起，深圳市全面启动行业视频监控环境搭建，接入全市交通视频资源，制订交通行业视频资源建设标准，以综合交通运行指挥中心为主要载体，深入拓展视频联网系统应用，支撑交通运行监测、安全管理、应急指挥、决策支持、信息服务五大功能。目前，通过自建、整合、共享等方式接入地铁视频6583路，客运场站视频1006路，各火车站视频44路，高快速路视频361路，港口码头视频98路，机场原航站楼视频53路，从业人员资格考场19路，道路视频177路，的士站视频49路；通过客户端形式共享罗湖区视频3000多路，福田区视频2000多路，市公安局视频3000多路以及其他各类视频资源总计将近2万路，初步实现了对全市高快速公路、城市重点道路路段、地铁站、客运场站、公交场站、的士场站、港口码头、口岸等重要交通枢纽、主要通道、交通节点和交通集散地分场景全面可视化综合交通运行监管，实时掌握交通运行态势（图4-17）。

图4-17　交通运行视频监控系统监控界面

（一）高速公路视频监控

通过整合深圳市7大高速公路监控中心、13条高速公路、361路监控视频，实现实时全面掌握高速公路出入口排队、路面车流通行、设施运行情况，为高速公路日常运行及重大节假日保障提供决策支持（图4-18）。

（二）城市道路重点路段视频监测

通过自建或共享方式接入了全市重点路段177路视频资源，为城市交通运行管理及公众信息服务提供支撑。同时，为更好的对道路交通运行态势实现监控，在部分重点路段上利用视频识别技术，统计分析道路车流情况，实现了道路交通全路况一条线监控（图4-19）。

（三）地铁站视频监测

通过共享方式，接入全市5条地铁线路6583路监控视频，全面了解地铁站内部通道、站台、扶梯、出入口人流聚集情况，保障日常运营调度，提高应急处置能力（图4-20）。

图4-18 高速公路视频监控

图4-19 城市道路重点路段视频监控

（四）客运场站视频监控

（1）通过自建或共享方式，接入深圳市49个客运场站1006路视频资源，有效监管客运场站的运行、安全与服务（图4-21）。

图4-20　地铁站视频监控

图4-21　客运场站视频监控

（2）通过自建的方式，开展了福田综合交通枢纽智能化视频建设（图4-22）。通过在枢纽内部布设了视频检测设备获取枢纽内部重要通道和区域的客流状态，利用视频识别技术对人流、车流的统计以及事件进行监测，现实时枢纽交通运行监控，突发事件的自动获取和报警以及各系统的应急协同。

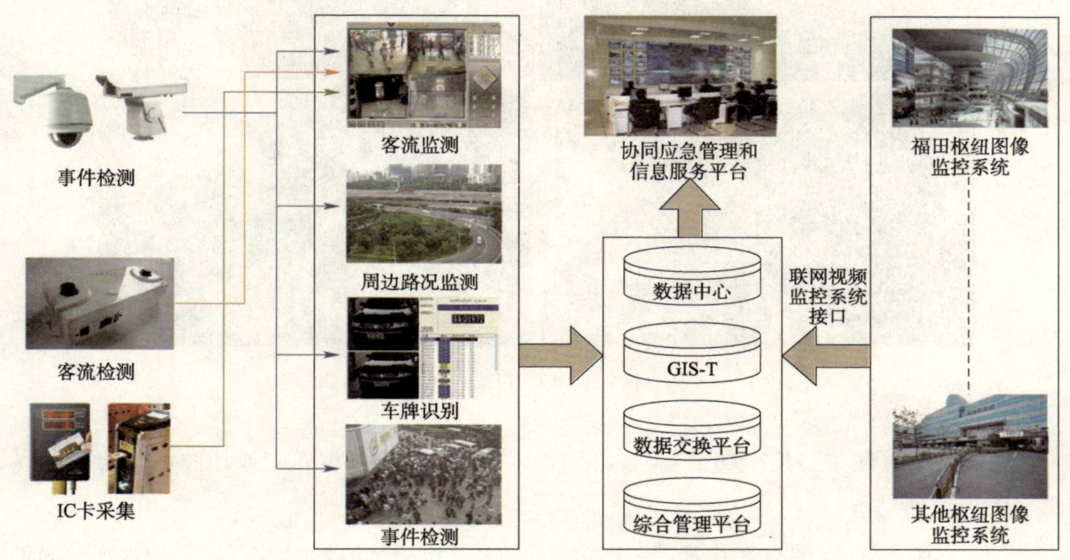

图4-22　福田交通枢纽视频识别客流检测结构图

（五）口岸、的士场站视频监控

通过自建方式，在口岸、的士场站、公交等管理区域接入49路视频资源，并利用视频识别技术，为该类区域运行秩序、运力调配、应急协同提供可视化支撑（图4-23）。罗湖口岸的士场站通过智能化视频改造，通过视频识别技术统计人流、车流量，实现对场站出租车的动态调度和宏观控制，同时还能够对违章泊车、逆行等扰乱场站秩序的情况进行有效控制和监管。

三、应用成果

视频监管是交通运行的“天眼”，交通管理部门可及时发现道路交通运行态势，是智能交通系统中最实用的一个子系统。

图4-23　口岸视频监控

（1）交通视频监控全覆盖：视频监控点全面覆盖我市重要交通道路、重点监控区域、重要交通节点。

（2）基于GIS地图直观式管理：在GIS地图上直接标示视频接入点，更加直观、简便地查看全市范围内的视频点。

（3）三级指挥联动（交委-辖区局-基层管理单元）：提升深圳市交通运输委指挥联动体系的效率，通过视频监控加强了对全市交通关键区域、节点的实时监管。

本章小结

交通运行监测是智能交通建设中重要一环，深圳市综合交通运行监测搭建了涵盖道路交通运行监测、交通运输车辆监管以及视频监控信息于一体的综合信息平台。通过对深圳市全市道路运输车辆监管以及全市道路交通运行状态、重点枢纽、场站、区域的监控，交通管理部门实现了交通运行“数字化”“摸得着”“看得清”“看得准”的综合交通监测，同时也为进行决策支持、应急协同、信息服务等提供信息支撑。

第五章

交通运输行业智能化应用服务

第一节　交通运输智能化应用体系

一、交通运输智能化应用体系内涵

从系统论的观点来看，智能交通系统是一个融合了多领域、广技术的复杂大系统。在开发的初级阶段进行系统体系框架的规划研究是必不可少的重要环节。智能交通运输系统体系框架主要包含逻辑框架、物理框架、用户应用服务。逻辑框架则是从系统如何实现智能交通系统服务的角度进行分析，给出其应具有的功能及功能间数据流关系；物理框架则是把智能交通系统逻辑功能落实到现实实体，如车载设备、道路设施、管理中心等设备或组织；应用服务则是从用户（出行者/管理者）的角度来描述智能交通运输所能提供的服务，是智能交通运输系统在逻辑架构、物理架构等基础上的功能展示。交通运输智能化应用体系是体系框架的基础，它决定了智能交通系统框架是否完整，是否满足用户需求。

城市机动化水平的不断提高、综合交通运输需求的不断改变对不同领域的交通管理者提出了高效化、精细化等的管理要求，由此产生了各种各样的应用系统。智能交通运输系统就是这些子系统的有机组合，各子系统之间通过相互整合、集成，形成了满足交通行业不同需求的智能交通系统。

二、深圳交通运输智能化应用体系

深圳交通运输智能化应用体系的构建，明确了深圳市智能交通运输的总体目标和各部分内容之间的相互关系，保障全市智能化交通应用系统的兼容性和投资效益等；明确了各交通运输行业部门在智能交通发展中应处的角色和作用，避免系统的低水平重复和无计划的开发建设，便于成果的应用、技术的发展和产业化的实施。

深圳市交通运输委在学习借鉴国内智能交通先进经验的基础上，结合大交通体制的建设思路，按照“三统三分”的原则，“以需求为导向、以问题为导向、以应用为导向”，全面梳理现状，深入调研需求，构建了以综合交通运行指挥中心为主载体，“智能公交、智能设施、智能物流、智能政务”四大平台协同发展的交通运输智能化应用体系。

第二节 交通运输行业智能化应用服务典型案例

一、常规公交智能化

目前，深圳共有公交线路909条，公交场站383处，公交专用道825.8公里，常规公交运力15221辆，公交站点9569个，原特区外公交站点500米覆盖率达到92.2%，常规公交日均客流量达618万人次。旺盛的公交出行需求是推动公交智能化建设的源动力。常规公交智能化也是深圳打造“公交都市”的重要内容，是进一步提升地面公交服务和管理水平的有力抓手。常规公交智能化建设逐步形成了覆盖公交网络的运行监测和基础保障体系，实现公交车辆的智能化高效调度与管理，实现公共交通出行信息服务网络化，提高公益性行业监管能力，推动形成满足居民日常出行的、高吸引力、高满意度的公共交通出行网络，缓解城市交通拥堵，促进节能减排。

（一）总体架构

深圳市智能公交系统总体架构包括数据采集层、数据存储层、应用支撑层、应用层、数据接口层。各层依托统一的技术标准、管理规范和安全保障体系有序地进行建设。总体架构图如图5-1所示。

1. 数据采集层

采集层数据主要采集了公交车辆营运数据、场站视频、深圳通卡等数据。

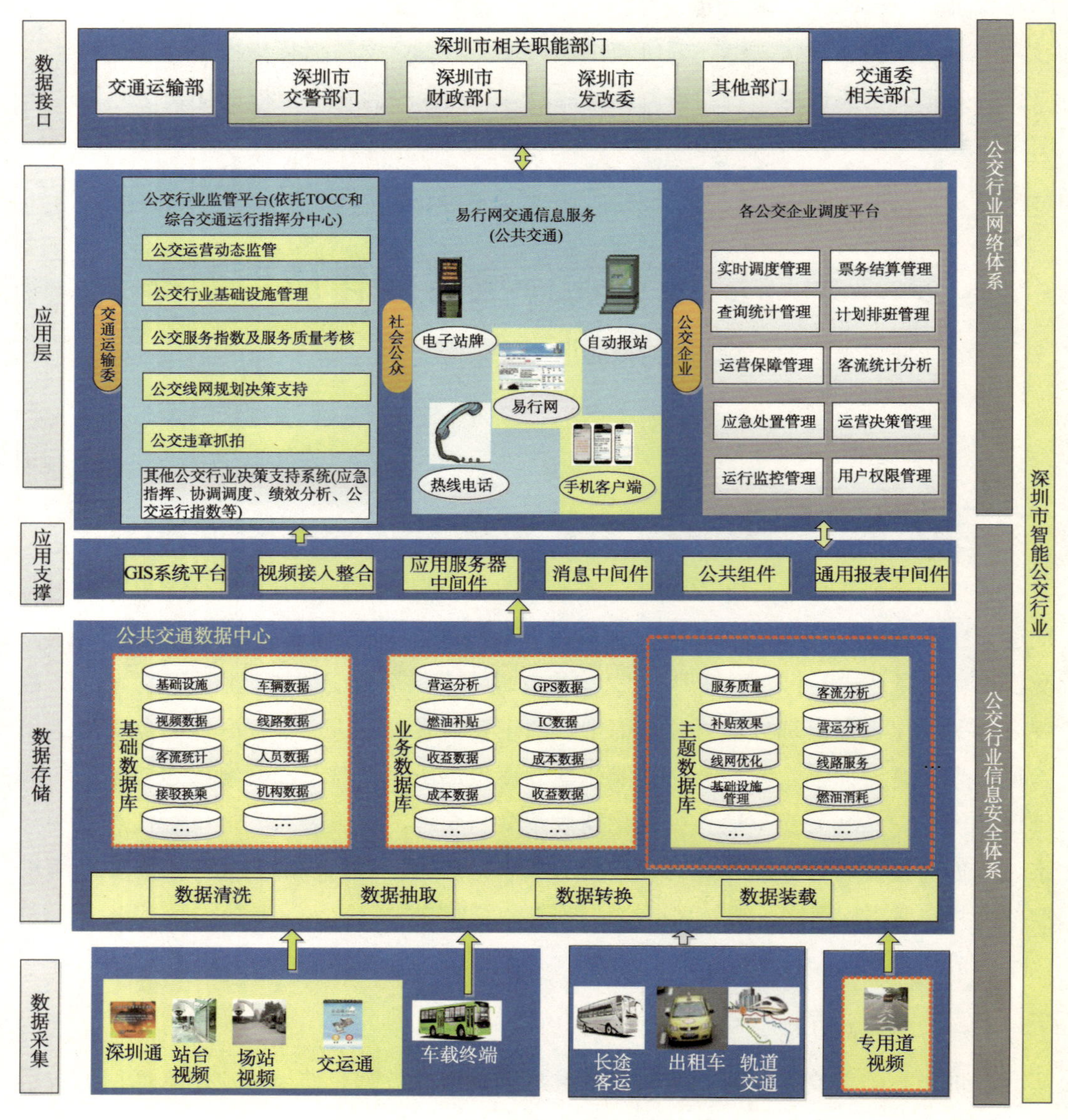

图5-1 深圳市智能公交系统总体架构图

2. 数据存储层

数据存储层为全市统一的、逻辑的公交数据中心，包括深圳市公交行业的所有基础数据库、业务数据库、主题数据库。

3. 应用支撑层

应用支撑层主要提供GIS展示平台、基础组件、消息组件和部分公共组件，提供应用支撑的开发与整合、流程控制与管理、信息数据分析与展现、数据交换与传递等。

4. 应用层

应用层分为三大部分：市深圳市交通运输委智能公交平台、企业智能调度平台和公众信息服务平台。

5. 数据接口层

数据接口层主要考虑三个层面的数据需求：交通运输部、深圳市相关职能部门、市交通运输委内部相关系统。

（二）建设内容

按照一体化的常规公交智能化服务流程，深圳常规公交智能化建设包括六大组成部分，覆盖常规公交各个环节，分为设施管理、规划决策、行业监管、运营调度、运行监测、信息服务（图5-2）。

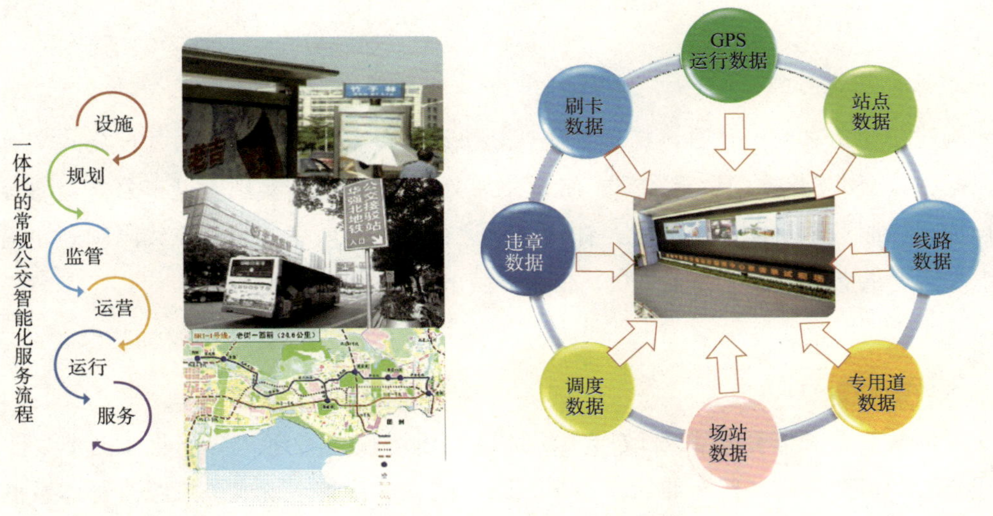

图5-2　一体化的常规公交智能化服务流程

1. 设施管理方面

公交行业基础设施管理是指实现保障城市地面公交系统运营的基础硬件设施管理，这里主要指纳入行业管理范畴的公交线路、停靠站、场站和专用道的信息采集、更新、维护等，并为其他系统模块提供基础支撑。

目前，已完成909条公交线路、9569个站点（包括站台、站亭、站牌、站架）、383处公交场站、819.8公里公交专用道的属性数据梳理，基本实现了公交基础设施全方位协同化管理。图5-3为深圳市公交专用道发布图。

图5-3　深圳市公交专用道分布

2. 规划决策方面

构建公交仿真模型体系，搭建公交规划决策支持系统，通过分析处理公共交通IC卡数据、公交GPS数据、运营数据，结合公共交通GIS信息，实现对城市公共交通客流运行水平与服务质量的多维评价，评估公交运行的整体效率，为公交线网规划、运营组织决策提供支撑，满足社会公众、企业对城市公交服务的需求。

3. 行业监管方面

深圳常规公交管理模式是政府（深圳市交通运输委员会）管企业（巴士集团、西部公汽、东部公交），企业管人、车、路、线、运营等，形成了三级监管体系框架（图5-4）。

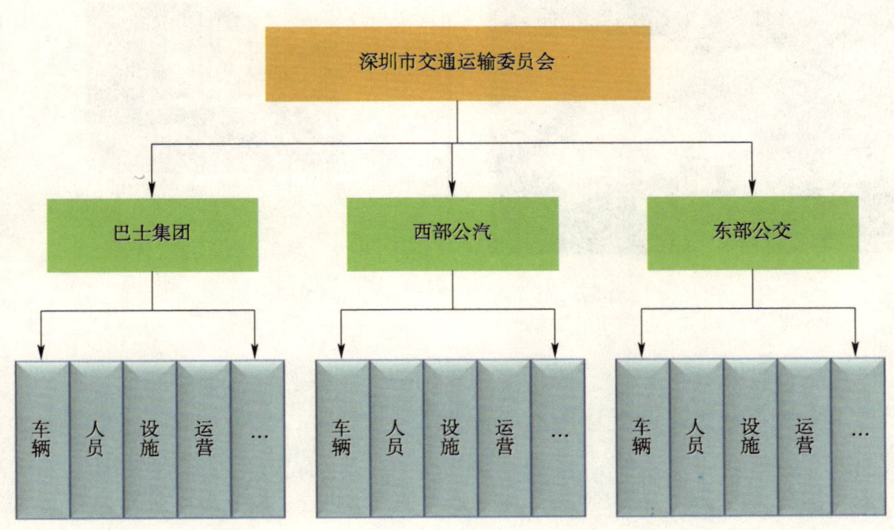

图5-4 深圳常规公交三级监管体系

参见图5-5、图5-6，构建GPS监管平台，在16000多台公交车上安装车载终端，实现数据管理、实时监控、安全监管、服务监测、信息发布、成本测算、应急指挥；构建公交专用道违章抓拍系统，在公交车辆上安装智能终端，抓拍违章占用公交专用道的车辆，保障公交路权优先，提高公交运行速度。

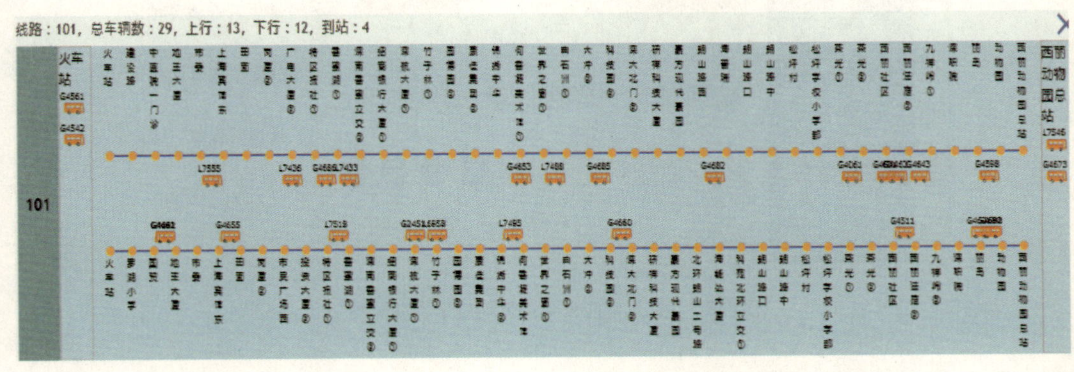

图5-5 深圳公交车辆实时运行监管

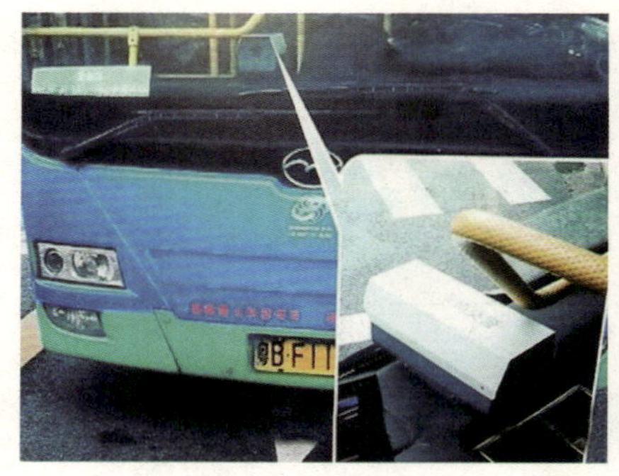
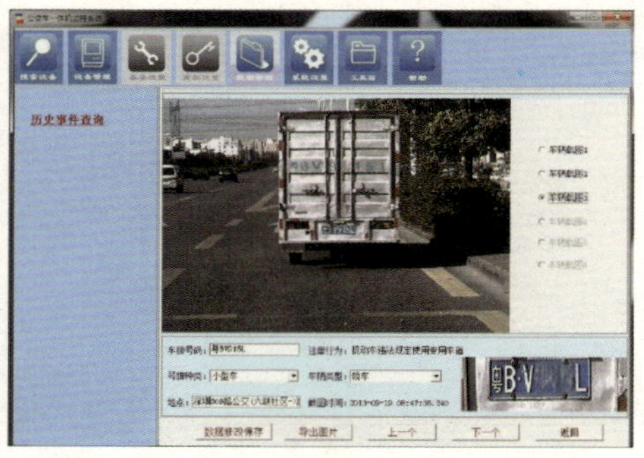

图5-6　违章占用公交车专用道抓拍图

4. 运营调度方面

制订《深圳公交智能调度标准》《深圳公交调度系统平台规范》等标准规范，指导企业建设公交智能调度系统，使企业调度系统与政府监管系统有效衔接，实现政府管企业，企业管人、车、站、线。

根据规范，深圳的公交企业智能调度平台包括客流统计分析、计划排班管理、实时调度管理、运行监控管理、应急处置管理、查询统计管理、运营决策管理等功能（图5-7）。通过客流分析、计划排班、实时调度、运营保障和统计分析，实现调度模式高效化、运营管理实时化、安全监管远程化、运营保障一体化的效果。

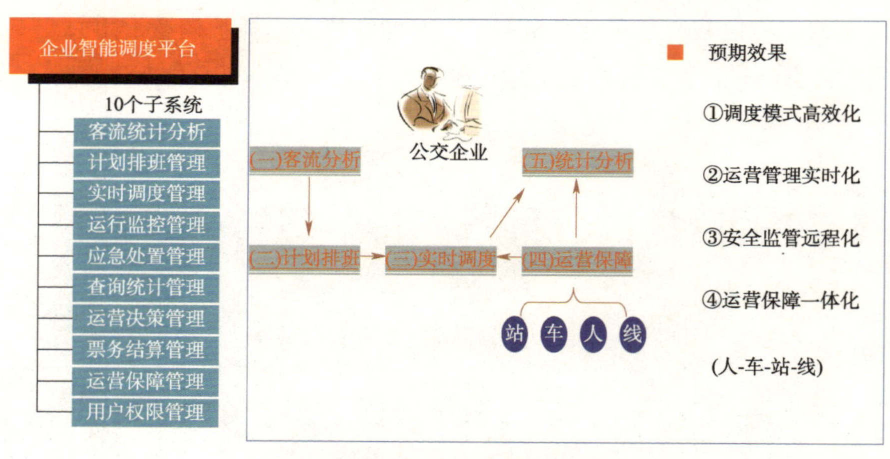

图5-7　常规智能公交运营调度平台功能图

5. 公交运行监测方面

以覆盖轨道交通、常规交通、出租车三种出行方式和步行、候车、乘车、换乘四大出行环节的30类、64项考核指标，通过云数据汇聚评价全市公交服务质量，促使公交企业提升服务品质（图5-8）。

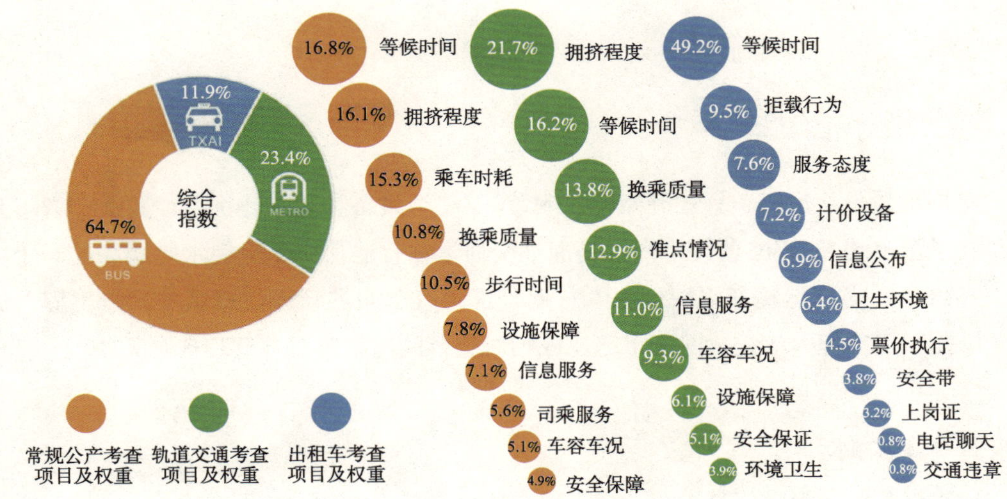

图5-8　深圳公交指数考查及权重

6. 信息服务方面

通过公交车上安装的GPS终端，实时掌握车辆的动态运行信息，为公众提供实体和虚拟的公交电子站牌信息服务；依托“交通在手”手机APP应用发布800多条线路的公交实时到站信息；同时，在部分站点试点建设实体公交电子站牌，发布途经公交线路实时到站信息，为乘客提供公交到站预报（图5-9）。

图5-9　实体电子站牌和手机电子站牌图

积极响应国家无障碍环境建设理念，提供公交无障碍导盲服务，在1000辆公交车辆上安装无障碍导盲设备，并为视障人士配置手持终端，方便视障人士选择公交出行。

二、出租车智能化

深圳市最早从出租车行业开始推广安装GPS终端设备和智能计价器，并于2007年开始建立了全市统一的GPS监管平台，是深圳交通运输行业信息化应用水平最高的一个行业。2011年，交通运输部将深圳列入首批“出租汽车服务管理信息系统试点工程”城市。以此试点工程为依托，深圳市已建成相对完备的出租车服务管理信息系统。

（一）总体架构

出租汽车服务管理信息系统试点工程总体架构分七大部分（图5-10）。

1. 车载终端设备

车载终端设备包括智能服务终端、计价器、服务评价器、智能顶灯、车内摄像头、车外摄像头、LCD多媒体显示屏，负责实现出租汽车运营数据、评价数据、车辆状态、现场视频信息等信息采集，并按照标准接口协议通过智能服务终端连接成有机整体，通过无线通信方式实时发送和接收数据。

2. 物理场所

相关物理场所建设包括：深圳市交通运输委现有机房、应急中心（交通运行控制中心）、出租车行业运行监控和调度指挥分中心。

3. 基础支撑层

（1）基础支撑层即网络支撑平台，也即整个系统的通信处理中心，是承载数据传输、交换的基础条件。

（2）主机系统及支撑软件：服务器、数据管理系统、中间件等。

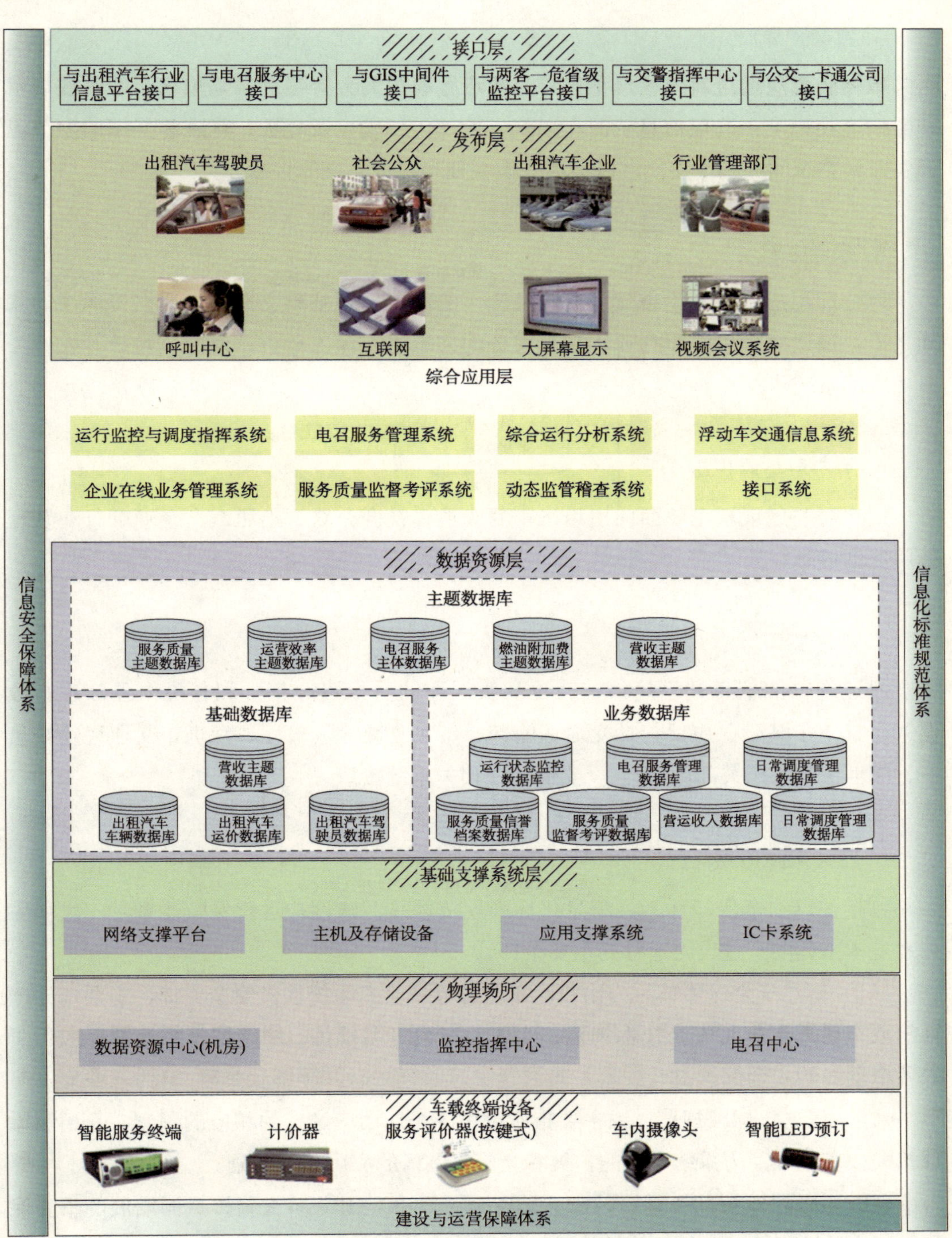

图5-10　出租汽车服务管理信息系统试点工程总体架构

4. 数据资源层

数据资源层通过对出租汽车信息资源进行科学的分类组织，采用统一的建设规范和数据交换标准，确保信息资源在采集、处理、传输以及分析、管理和共享的整个流程中在各系统间顺利地交换，以实现知识管理和决策支持的目标。

5. 综合应用层

综合应用层是整个平台业务功能及应用的实现，在基础支撑层及数据资源层的基础之上，通过对出租汽车行业管理与服务的需求进行深入分析，整合、设计开发业务各种应用系统。

6. 用户层与展现层

用户层与展现层主要面向出租汽车驾驶员、社会公众、出租汽车企业、行业管理部门提供信息服务。

7. 数据接口层

通过统一的信息共享接口，为更高级层面的数据资源整合和各类内外部进行数据共享打下了基础，主要包括交通运输部、广东省交通运输厅、深圳市交通运输委员会、深圳市政府相关部门(公安、安监等）相关系统接口。

8. 三大保障体系

包括信息安全保障体系、信息化标准规范体系、建设与运营保障体系。三大保障体系是本工程顺利建设与运行的重要条件。

（1）信息安全保障体系为出租汽车服务管理信息系统提供安全支撑，主要依据严格的安全管理制度与安全技术规范，实现对车载终端设备、网络层、系统层、应用层等各个层面的安全保护。

（2）信息化标准规范体系主要指建设中各个层面应遵守的相应的国家、交通运输部相关技术标准，为系统今后的扩展和全国范围内的应用奠定基础。

（3）建设与运营保障体系是工程得以顺利开展与建设成果得以巩固发展的重要保障，主要通过制订一套科学的长效运行机制，保障系统的长期稳定运行与可持续发展。

（二）建设内容

1. 管理措施方面

探索行业新的管理模式，完善“准入—监管—退出”管理机制，提升出租车行业数字化智能化管理水平（图5-11）。

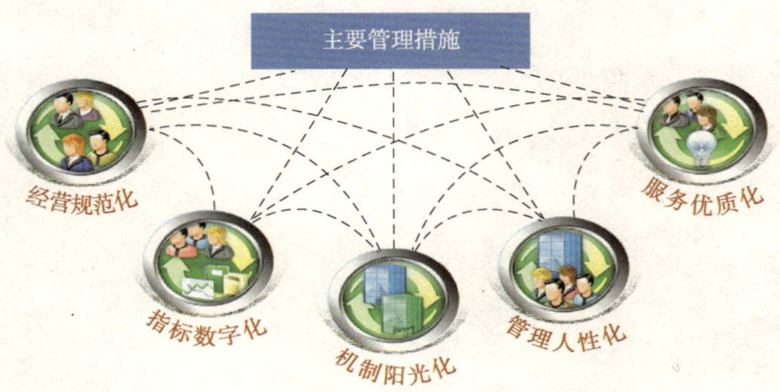

图5-11 深圳出租小汽车管理措施

2. 内部运行监测方面

构建出租数字化监管指标体系，通过运营态势指标、安全监管指标、服务质量信誉考核指标、驾驶员动态指标等，实现对出租车车辆、人员的全方位、实时监管考核（图5-12）。

图5-12 出租车内部运行监测

3. 行业外部应用方面

出租车GPS数据可以记录和反映城市交通出行、人群移动情况。出租车数据被认为具有覆盖范围广、位置数据精度高、隐私问题小的优点，已经成为重要的一种移动轨迹数据（图5-13）。基于出租车的GPS数据可以为交通相关的所有主体，包括市民、驾驶者与政府改善交通服务，如道路交通运行状况信息发布、行业维稳、出租车运力投放分析等。通过对出租车GPS数据的融合挖掘分析，实时掌握城市路网的动态运行状况，为动态交通引导提供支撑；通过出租车客流分析，为出租车运力投放提供决策依据。

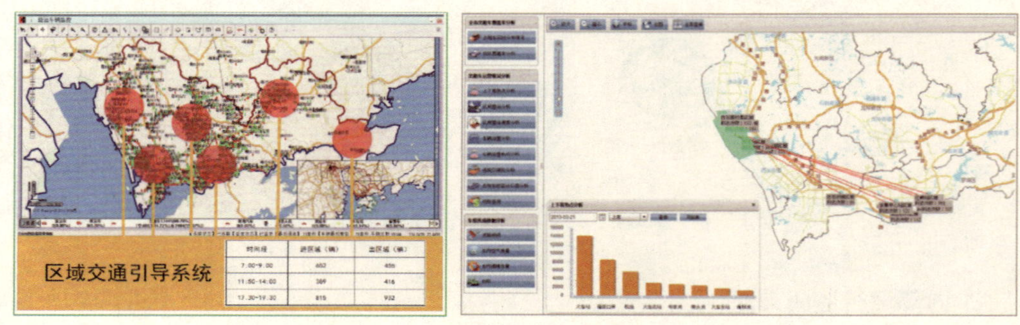

图5-13　出租车GPS数据分析

4. 深圳市出租汽车统一电召平台

深圳市出租车统一电召平台是在交通运输部的指导下，建立的深圳市出租汽车服务管理信息系统示范工程。平台能够提供电话（96880）、网页、手机APP应用（接入交通在手、滴滴打车、快的打车等手机软件）等多渠道电召方式，日均电召量超过10000笔，实现近1.6万辆出租汽车24小时全天候“应召”（图5-14）。

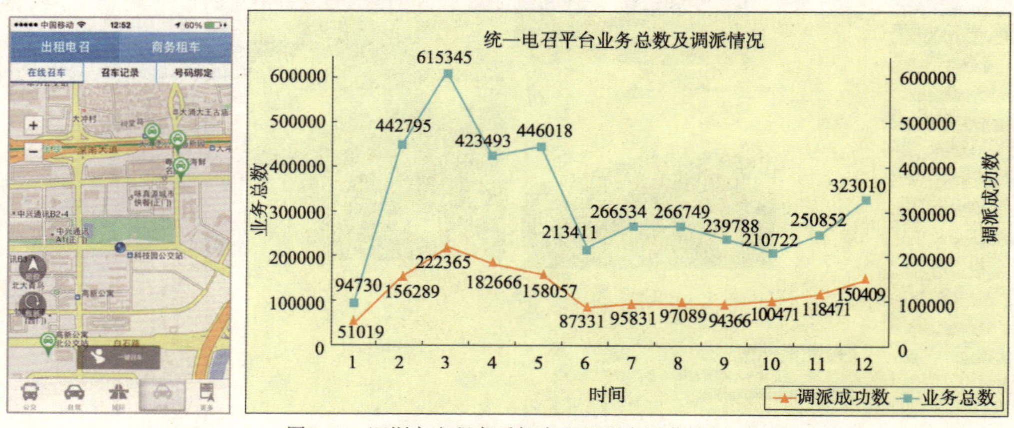

图5-14　深圳市出租车手机电召及平台运营情况

三、路边停车智能化

截至2014年12月底，深圳机动车保有量达到315万辆，车辆密度约500辆/公里，居全国之首。全市交通拥堵，停车难范围日益扩大，迫切需要通过路边停车智能化的管理，充分利用路边停车资源，规范路边停车行为，缓解交通压力。

经过前期的方案公示和听证会等意见征集流程，深圳市交通运输委员会于2014年5月及2014年12月先后发布《深圳市机动车道路临时停放管理办法》和《关于原特区内增设路边临时停车泊位正式实施收费管理的通告》。2015年1月1日起，深圳市对原特区内278条道路、12374个泊位全面启动收费，深圳成为全国首个实现路边停车收费全电子化的城市（图5-15）。

图5-15　深圳市路边停车收费电子化

（一）总体架构

路边停车设施智能化是实现路边停车智能化管理的基础，保障路边停车管理基本信息的采集和传输。系统物理结构上包括前端设备及后台管理系统两大部分。

1. 前端设备

前端设备主要由车位检测器及通信设备，用户手机、电子标签、手持PDA（Personal Digital Assistant，又称掌上电脑）通信传输设备等设备组成。

（1）**车位检测器及通信设备**。主要用于检测停车泊位上是否有车停靠，以及信息通信上传到后台。

（2）**电子标签以及用户手机**。主要用于停车服务，作为用户停车消费介质和交易介质，以及用户与系统之间的对话介质，用户可通过手机通讯或者安装电子标签后由系统自动读取等方式实现停车发起和扣费。

（3）**手持PDA**。主要为巡检人员监查工具，巡检人员通过PDA接受后台指令，并至指定位置完成违章拍照、罚单处理以及对系统运行差错进行“救助式”支撑等流程。

2. 后台管理系统

后台管理系统是道路停车管理的指挥管控中枢，也是全系统数据和所开发出的信息资源的管控中心（图5-16）。主要负责道路停车设备管理、交易处理、清分结算、客户服务数据存储处理，信息资源汇聚、存储和加工等，同时与市综合交通运行指挥中心、市交警部门交通管理平台对接，实现数据互换与共享。

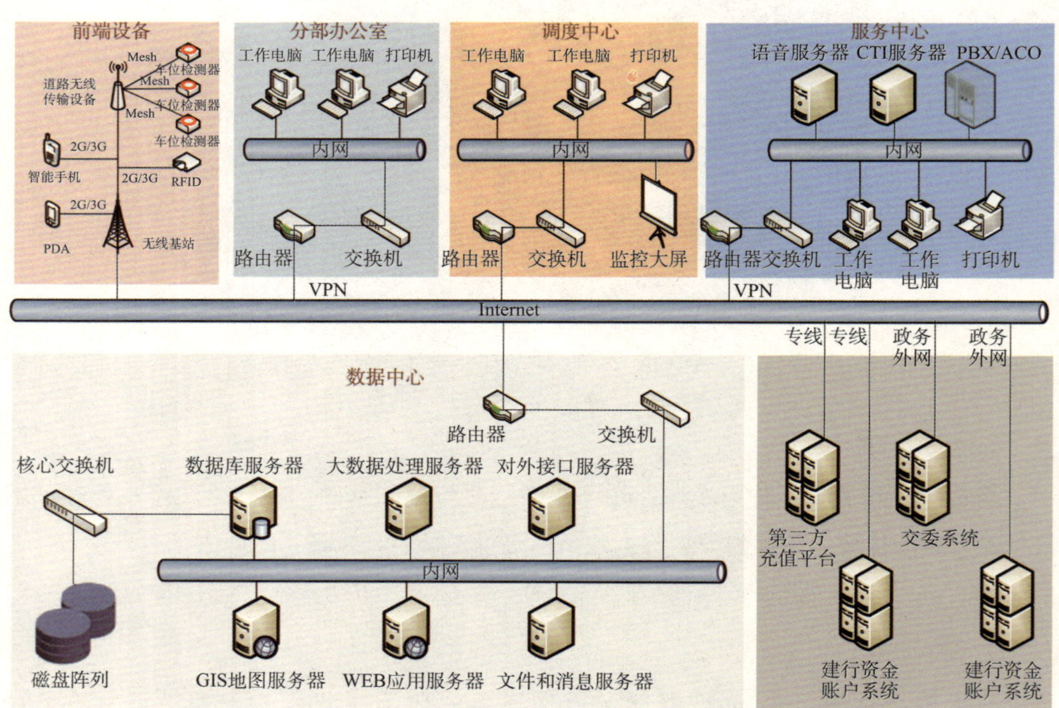

图5-16　深圳智慧路边停车管理信息系统结构示意图

（二）路边停车智能化应用

1. 便捷的停车服务

驾驶员可以通过下载并使用手机APP—“宜停车”或拨打96001服务电话进行停车缴费、续时、补缴，全程实现电子自助交易，无需管理人员干预（图5-17）。

图5-17　宜停车APP界面图

2. 高效的停车管理

停车管理主要是处理道路停车违章及监控现场巡管人员的工作情况。泊位内违章停车由深圳市交通运输委下属的道路交通管理事务中心根据《深圳市机动车道路停车管理办法》进行查处，泊位外违章停车由深圳市道路交通管理事务中心协助交警执法。执法人员通过手持执法终端，实时掌握停车泊位占用与缴费情况，及时对违规占用停车泊位进行处罚（图5-18）。

（三）实施成效

1. 路边停车收费试点片区车速显著提高

竹子林、福田中心南（图5-19）、南山中心区、田贝等四个试点片区车速平均上升约9%～15%，其中，改善效果最显著的是南山中心区，车速上升15.1%。

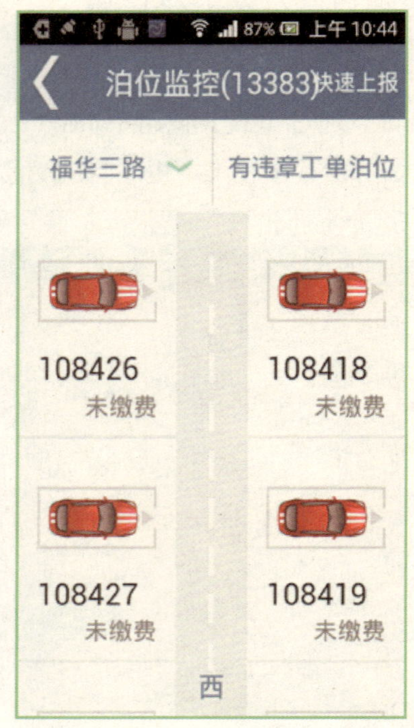

图5-18 路边停车执法监督示意图

图5-19 福田中心试点片区实施前后对比

2. 停车资源实现均衡利用

路边停车泊位平均占用率降低，停车时间基本在1个小时以内，泊位周转率明显提高。收费管理促使大量路边停放车辆转入周边停车场，工作日白天重点片区路外停车场占用率平均提高约22%（图5-20）。

图5-20　福田中心区怡景中心城地下停车场停车变化情况

3. 违法停车规模明显减小

受交警部门委托，深圳市道路交通管理事务中心协助交警管理道路停车秩序，很大程度上弥补了警力不足的问题，试点片区内对违法停车的执法力度大大加强。路边违法停车规模明显减小，重点片区高峰时段路边违章停车行为下降约90%（图5-21）。

图5-21　华强北燕南路违章停车变化情况

四、综合交通枢纽应急协同智能化

（一）福田综合交通枢纽

深圳市福田综合交通枢纽作为深圳市建设完成的以“长途客运、公交客运、城市候机、轨道交通、口岸”五位一体的大型对外交通枢纽，是深圳市整合各种交通网络和设施，构筑以综合交通枢纽为节点的对外交通衔接的重要组成部分。福田综合交通枢纽以先进的功能布局、立体场站设计、智能化设施、引导服务等为广大出行者提供了便捷、舒适的换乘环境，同时，各种换乘功能区布局合理，为运输企业创造了良好的运输环境。福田综合交通枢纽于2008年10月建成并投入使用。

1. 福田综合交通枢纽智能化体系

深圳市福田综合交通枢纽的智能化体系建设，通过围绕运行安全监测与协同支持、应急指挥调度与控制、综合信息服务三方面，实现综合交通枢纽的协同应急管理（图5-22）。

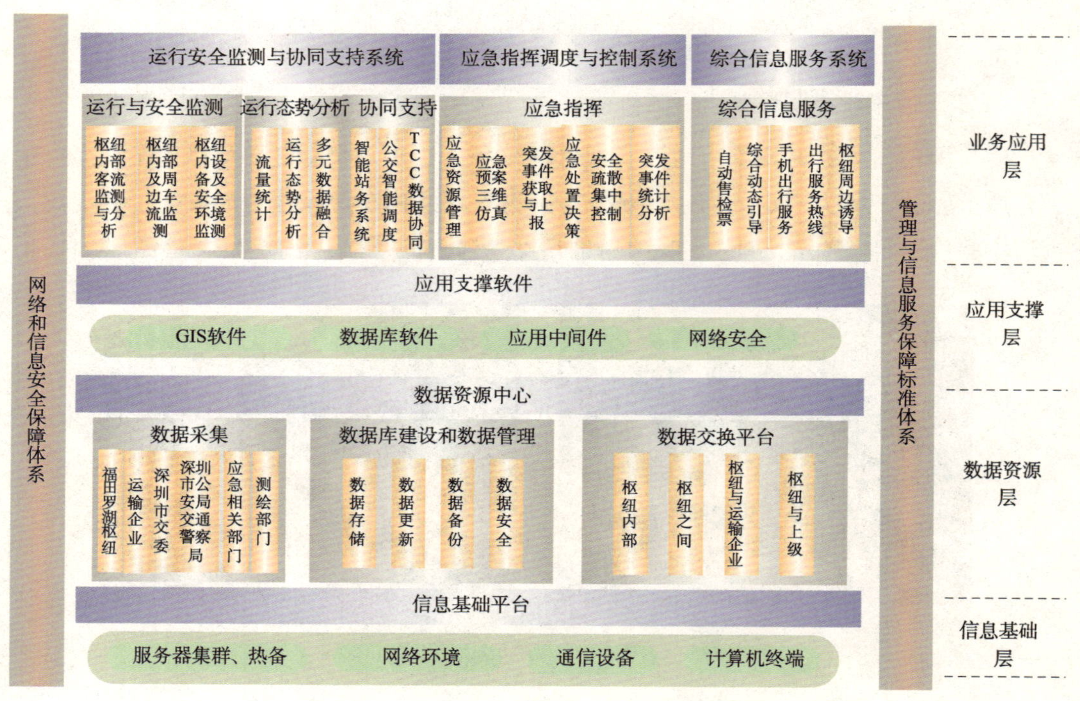

图5-22　福田交通枢纽智能化建设总体架构图

2. 综合交通枢纽智能化应用服务

（1）**安全监测与协同支持方面**。综合交通枢纽运行安全监测系统是整个枢纽建筑群安防系统的核心，并为枢纽内各种运输方式之间以及枢纽之间的协同调度提供支持。

枢纽运行安全监测范围主要包括：枢纽各出入口、内部重要区域、各楼层公共通道区域、公共换乘区域等；枢纽外部的监测范围主要包括周边道路交通流量的监测。

运行态势分析通过检测数据建立态势分析体系，提升枢纽运行态势分析水平和预警能力，为协同调度和应急指挥提供决策支持。协同支持为枢纽接驳的各种交通方式之间的数据交换、运行计划动态协同、节假日及大型活动各运输方式协同以及突发大客流时枢纽之间的协同。通过布设视频客流检测设备获取枢纽内部重要通道和区域的客流状态，实现突发事件的自动获取和报警。

（2）**应急调度指挥与控制方面**。枢纽应急指挥调度与控制系统面向福田综合交通枢纽应急管理的需求，为枢纽内公共突发事件的预警预报、信息传递、会商研讨、指挥决策、处理处置、信息发布集中控制提供技术手段和保障，从而快速建立安全疏散通道，实现枢纽内乘客、工作人员等的快速疏散，保障群众的人身安全。

（3）**综合信息服务方面**。福田综合交通枢纽采用了枢纽综合动态的引导终端，结合站内广播、多媒体自助查询机、热线电话等方式，及时向旅客提供乘车、换乘信息和车次延误信息。同时，配备长途客运自动售票机及自动检票机，实现部分乘客自助购票和检票，减少乘客因购票产生的枢纽内部滞留，提高售检票服务效率。

（二）深圳机场综合交通枢纽

深圳宝安国际机场是国内集海、陆、空联运为一体的现代化国际空港，是华南地区重要的航空枢纽（图5-23）。2013年11月，深圳机场T3航站楼正式启动，地铁、公交、出租车、长途客运、码头等多种交通方式在机场地面交通中心实现了无缝衔接，进一步强化了机场枢纽功能。

图5-23　深圳宝安国际机场地理位置

深圳机场枢纽的智能化建设主要包括视频监控、航站区LED屏显示系统和旅客信息发布系统、机场长途客运站营运线路LED屏显示等，实现出租车、公交车、长途客运、社会车辆的等多种交通方式组织协同管理，航空运输与地面交通联动接驳、枢纽外围交通运行监控与应急疏导、信息发布与旅客信息服务等互联互通。

1. 衔接“两个时刻表”

通过空中航班时刻表、地面公交时刻表的相互衔接，实现多种运输方式信息交换共享，满足不同运输方式协同运转、应急联动和综合信息服务的要求，围绕机场地面交通中心多方式一体化协同，建立完善先进的智能交通系统，全面提升机场地面交通中心智能化管理和信息服务水平。

2. 提升运行监管水平

机场枢纽建立了完善视频监控系统，监控范围覆盖航站区、飞行区、公共区及货运区等四大区域，实现对机场地面交通运行的全面实时监控，全面提升运行监管水平（图5-24）。

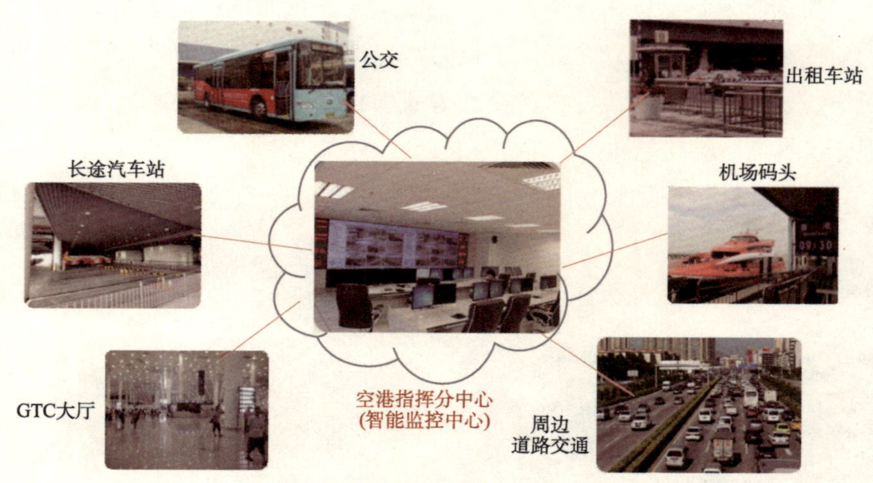

图5-24　机场枢纽运行监测示意图

3. 实现应急协同智能化

与公安交警、机场集团、地铁、运输企业形成协同管理、应急处置决策、综合调控等功能。建立协同指挥机制流程和应急处置工作流程，明确发生紧急情况、突发事件时信息报送的程序、应急响应的要求、各部门责任、线路调整和运输组织的合作办法、管理人员的指挥调配方案。

（1）**提升应急管理水平**。明确规定突发公共事件发生时信息报送的程序、应急响应的要求、各运营实体在安全疏散时应该承担的责任、突发事件情况下的线路调整和运输组织的合作办法、以及各运营实体应急资源的使用、管理人员的指挥调配方案等。同时，应该配套编制各运营实体的应急处置工作流程。

（2）**推进信息交换**。明确规定枢纽内各个实体之间日常信息交换的程序，包括信息交换的流程、数据更新的时间、频率、质量要求等；同时，严格规定突发公共事件发生时，信息报送的程序。

（3）**建立应急协同机制**。建立突发公共事件发生时的协调调度方案库，包括突发事件情况下，各个实体负责的区域，协同的接口人等，确定应急处置的主要运输方式以及其他运输方式的辅助分工（图5-25）。

图5-25 应急协同机制

4. 全路径的信息服务

在航站楼与机场地面交通中心连廊位置设置一级诱导屏，用于引导乘客选择交通出行方式（图5-26）；在各种交通出行方式始发点设置二级诱导屏，用于发布该出行方式的到发时分、车船位置等信息，实现提供全路径、多元化、实时动态的信息服务。

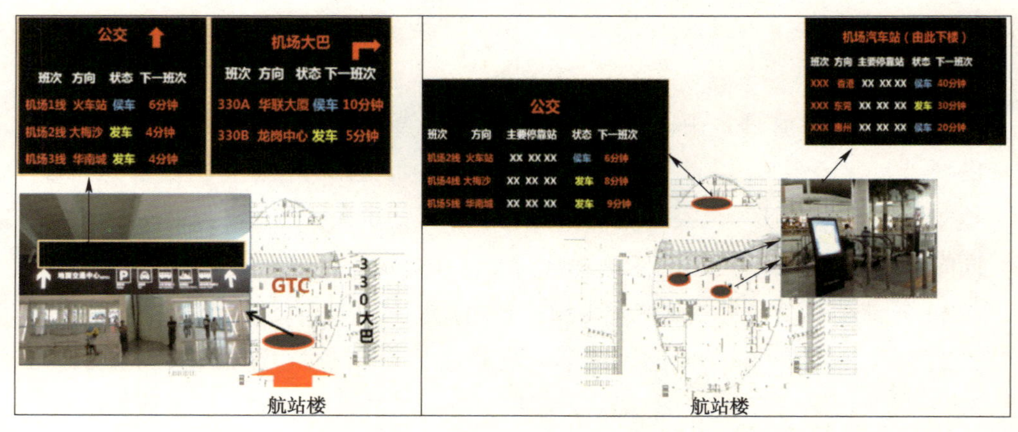

图5-26 机场枢纽信息服务诱导示意图

（三）深圳北站综合交通枢纽

深圳北站综合交通枢纽位于深圳龙华区民治街道（图5-27），整体建成于2011年，建筑面积18.2万平方米，离市中心9.3公里，距皇岗口岸12公里，与多条市政快速干道相连，实现了京广深港客运专线、厦深铁路，龙华线（4号）、环中线（5号）、城市长途客运、公交、出租车、旅游包车和行李托运服务等城市公共交通方式的一体化衔接。自开通以来，日均客流近40万人次，是深圳极为重要的综合交通枢纽之一。

北站高铁枢纽智能化建设围绕高铁出行“两个时刻表”（高铁时刻表、公交时刻表），利用智能化手段，通过枢纽综合管理、指挥调度、信息服务，实现不同交通出行方式的动态衔接、高效组织。

1. 综合信息采集和共享方面

通过实时采集北站综合交通枢纽周边关键节点、路段、道路交通、环境等信息，提取路面、路侧等设施数据，实现事件自动检测分析和枢纽一体化管理功能，并与多部门信息共享，实现数据存储、处理、挖掘、利用等综合功能。

2. 枢纽综合管理方面

利用视频识别、地磁检测等技术，实现了对综合公共交通的运行监测、安全监管、运力调配、运政管理、视频综合监测等，如公交客流监测与预警分析、运政监测、车辆进出场诱导。

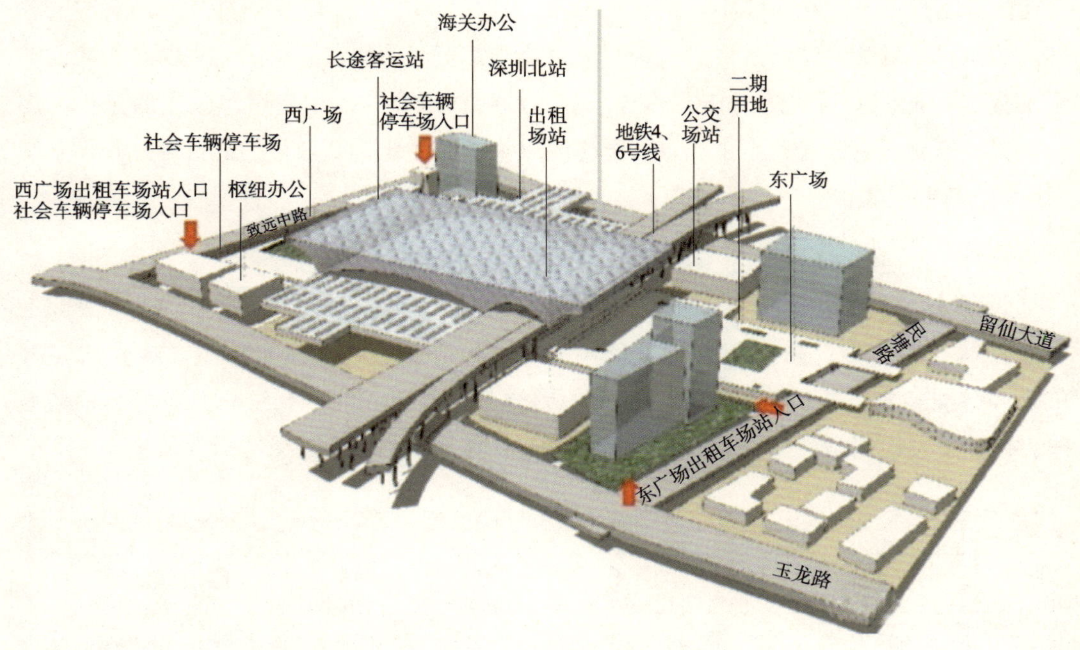

图5-27 深圳北站站外示意图

3. 枢纽指挥调度方面

通过综合事件检测、预判，实现国铁、地铁、站务、运输企业的协同管理，应急处置决策，综合调控、周边环境管理等。

4. 信息服务方面

通过布设可变情报板、信息诱导牌、触摸屏、站内广播、手机二维码应用等信息设备，提供枢纽内客流预报、预警与疏解，人流引导与车辆诱导等综合信息服务。

五、科技执法智能化

深圳市交通运输行政执法领域涵盖道路运政执法、公路路政执法、水路运政、港口行政和航道行政执法等。由于执法资源（包括执法人员、车辆、扣车场等）分布较为分散，不利于管理，同时交通运输行政执法与市民的人身、财产安全息息相关，市民对于交通执法事件的关注越来越多，这就要求执法具有较高时效性和监管能力，而实时的、准确的信息是提高执法时效性的关键。只有全面掌握交通执法人员的动态信息，才能够正确分析、把握交通执法工作的趋势，合理调配执法资源，切中市民关注的重点。因此，深圳市交通运输委确定了“以智能化促进执法现代化、高效化”的目标，建设了交通运输行政执法系统。

（一）总体架构

深圳交通运输行政执法系统是依托支队指挥分中心、大队指挥室、执法人员及车辆等智能装备，通过对执法相关信息的整合、定制而成的。系统分为支撑层、数据层、功能层及应用层共四个层次，系统总体架构如图5-28所示。

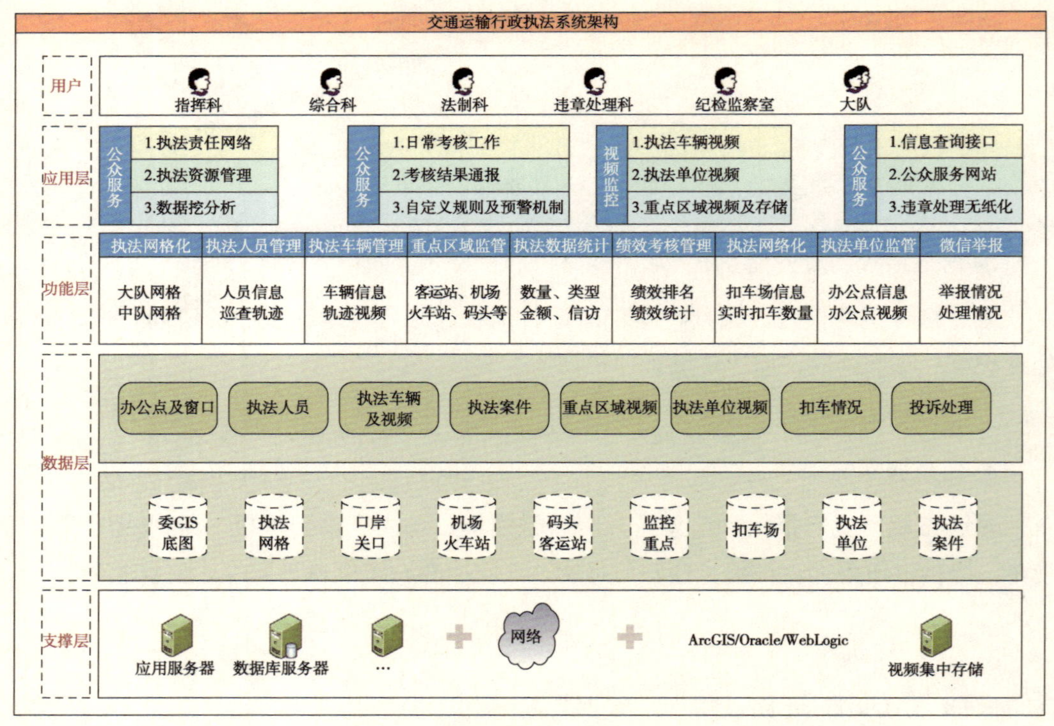

图5-28　深圳市交通运输行政执法系统总体架构

1. 支撑层

提供集成的硬件架构，以及数据库和视频存储的运行环境。

2. 数据层

通过调用交通委GIS地图，定制执法网格、扣车场、执法单位等执法相关数据，作为上层功能应用的基础。

3. 功能层

实现执法网格化、执法人员管理、执法车辆管理、重点区域监管、执法数据统计、绩效考核管理、扣车场管理、执法单位监管、微信举报等执法管理相关功能。

4. 应用层

为执法指挥调度、绩效考核、视频监控、公众服务提供基础应用支持（图5-29）。

图5-29 深圳市交通运输行政执法功能界面图

为了提高执法人员的工作效率，该科技执法系统为每个执法人员配备有“交运通”移动执法APP的手机终端，执法人员与手机绑定，确保人机一一对应，从而提高打击违法运输行为掌控能力及执法准确性。

（二）科技执法智能化应用服务

目前，深圳市交通运输行政执法系统对接广东省综合执法系统、投诉系统、阳光政务、智慧交通系统、公交监管系统、交通地理信息T-GIS系统6个系统，接入案件数量、案件类型、人员/车辆实时信息等27类数据，实现执法网格化、执法人员实时管理、执法车辆实时监管、重点区域监管、执法单位监管、扣车场管理、微信举报、执法数据统计、绩效考核管理9项功能（图5-30）。

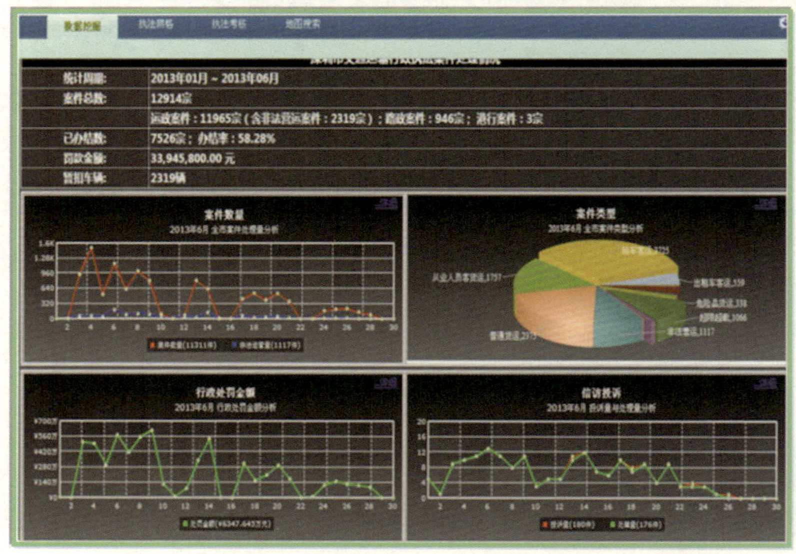

图5-30 深圳市交通运输行政执法网格化管理

执法人员通过配备装有“交运通”移动执法系统的手机终端，实现执法人员与手机人机绑定；同时，后台建立具备视频监控、网格化管理的科技执法系统，实现对执法单元、人员的实时调度，提高打击黑车的掌控能力及执法准确性。

六、交通基础设施管理智能化

为实现对城市交通基础设施智能化、信息化管理，深圳市交通运输委以综合交通运行指挥中心为载体，以交通基层管理单元（交管所、站）为处置核心，构建总中心（综合交通运行指挥中心）—分中心（职能单位和辖区局运行指挥智能分中心）—基层管理单元（以街道办为单元的基层交通管理机构）的“1+17+58”智慧交通三级管理架构，并以手机为载体开发了手机APP——“交运通”，实现综合执法管理、设施建设与养护、运输行业管理、应急抢险保障和交通运行信息服务的信息采集、现场处理功能；同时，后台建立面向深圳市交通运输委全行业信息案件处置的智慧交通管理系统（图5-31）。

图5-31　智慧交通管理系统

（一）总体架构

深圳智慧交通管理系统逻辑架构如图5-32所示，包括基础层、数据层、支撑层、系统应用层和展现层。

1. 基础层

涵盖城市交通管理的众多业务职能，以及与业务职能对应的交通管理事件和部件。

2. 数据层

智慧交通管理系统是基于GIS系统开发形成的，系统数据分类众多，主要包括四类：基础数据、共享的其他系统数据、前端采集系统产生的数据和其他部门共享的管理数据。

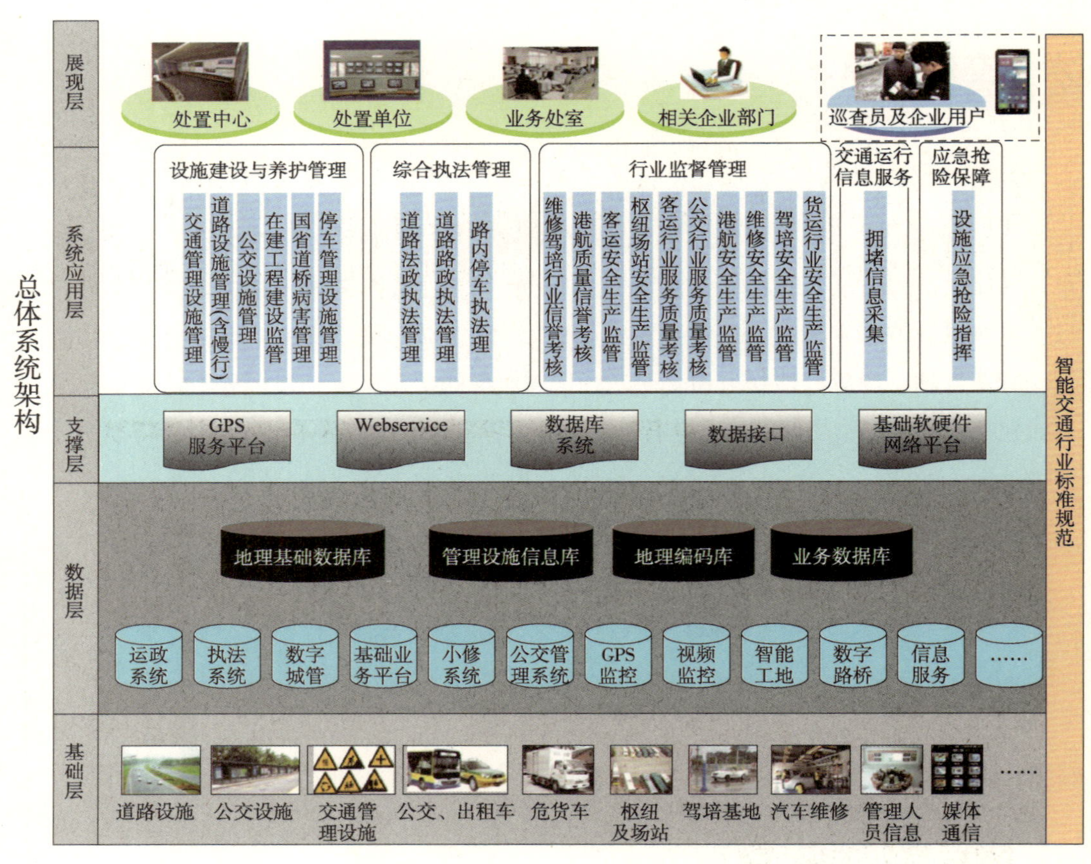

图5-32　深圳智慧交通管理系统逻辑架构图

3. 支撑层

包括基础软硬件和网络支撑、GPS服务支撑、网络访问服务、数据库系统和接口系统等。

4. 系统应用层

与各业务系统相关的业务需求和流程。

5. 展现层

包括前端巡查员及企业用户、处置中心、处置单位、业务处室和相关企业部门。

（二）系统建设

1. 移动终端建设

在移动业务终端建设上，开发了“交运通”终端。作为交通行业管理员对发生案件的现场信息进行快速采集与传送而研发的专用工具，“交运通”手持终端在智能化信息整个处理过程，尤其在采集、传输和整合过程中发挥重要作用（图5-33）。

图5-33　交运通操作界面

2. 后台处置中心系统建设

在处置中心系统建设上，开发了智慧交通管理系统，实现了交通设施、道路养护、公交设施、路政执法、交通拥堵、慢行交通、路内停车、统计、地图、综合查询、故障上报等功能，如图5-34所示。

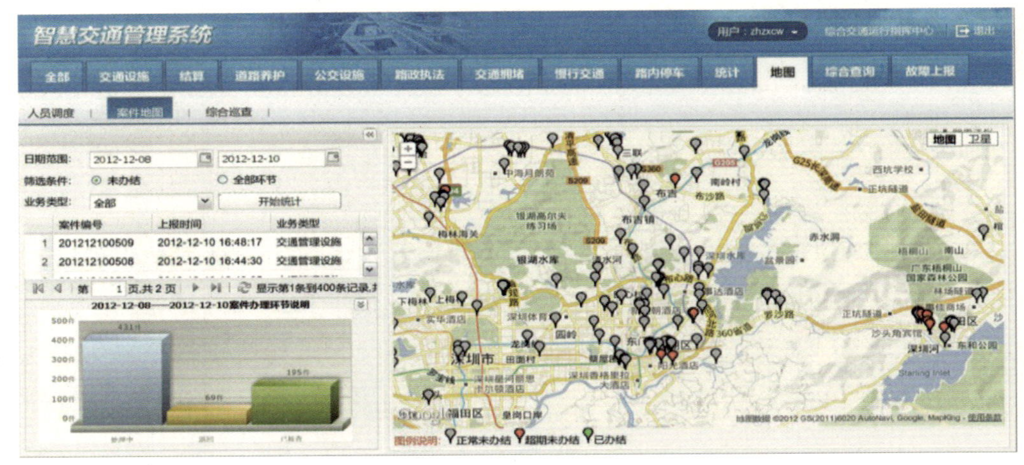

图5-34　智慧交通管理系统界面图

3. 处置单元系统建设

处置单元系统建设根据业务管理需求，建立了公交四站、小修保养、客运执法、视频监控、数字路桥、交通建设信息管理、信息服务等系统。

（三）智慧交通管理系统案例——以道路破损巡查为例

（1）道路巡查人员携带“交运通”执行日常路面巡查工作，第一时间发现道路破损案件（图5-35）。

图5-35　发现路面损坏

（2）道路巡查人员使用“交运通”将道路破损案件拍照上报综合交通运行指挥中心（图5-36）。

图5-36 道路病害上报

（3）综合交通运行指挥中心第一时间处理问题，将道路破损案件派发至对应的分中心（图5-37）。

图5-37 道路破损案件派发

（4）分中心对道路破损案件进行核查后，第一时间派发至道路养护人员（图5-38）。

（5）道路养护人员第一时间获取道路破损案件发生的位置、设施类别、设施类型、缺损情况、病害部位等信息，准备相应的养护工具和材料（图5-39）。

（6）道路养护人员第一时间赶赴道路破损现场解决问题，并将修复后的现场情况通过“交运通”上传回对应的分中心（图5-40）。

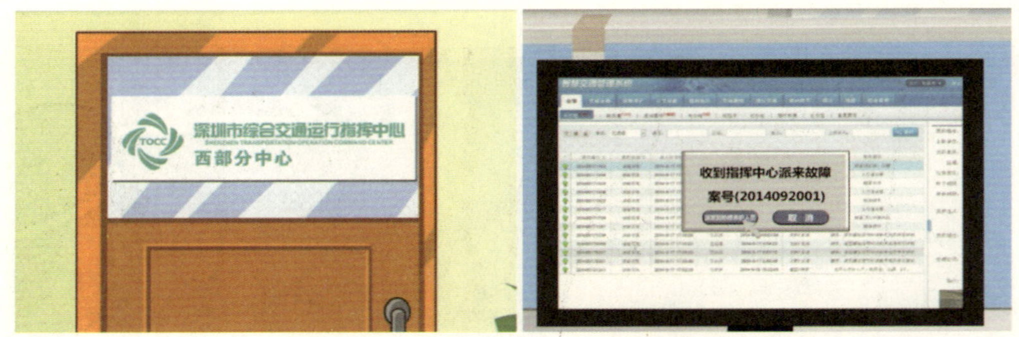

图5-38 道路破损案件核查

图5-39 通知道路养护人员修复道路

图5-40 道路养护人员修复破损道路

（7）分中心派遣道路巡查人员现场核查修复情况，并将修复情况拍照上传至综合交通运行指挥中心（图5-41）。

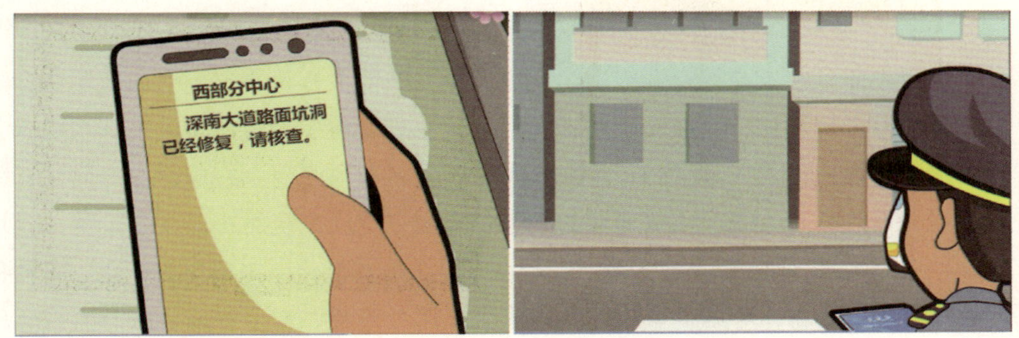

图5-41 巡查人员现场核查修复情况

（8）综合交通运行指挥中心对道路破损修复情况进行确认，案件形成闭环（图5-42）。

图5-42 道路病害案件修复确认

（四）智能化实施成效

通过智慧交通系统工程的建设，实现了交通行业管理的科学化、规范化、精细化，建立了交通运输委内责任单位之间的有效联动机制，提高了案件处置效率。一是建立了信息处置中心，实现了与数字城管、交警系统、数字交通、公交四站等各个相关系统的融合，实现了与市城管系统的互相派案功能；二是完成了道路养护、交通设施、公交设施等7大类案件的“信息采集、任务分发、结果反馈、监督考核”的闭合处理流程。做到第一时间发现问题、第一时间处置问题，第一时间解决问题。

本章小结

交通用户需求决定交通行业应用，交通运输方式的多样化决定了交通运输业务的管理必须向综合协同化、高效化、精细化转变。深圳交通运输智能化应用体系明确了智能交通的建设应用于四大平台，前瞻性地指明了各业务应用系统的建设方向，有效避免行业间系统各自为政、重复建设的现象，提高行业间系统的协同共享。基于深圳市“1+4”的智能交通应用体系框架，深圳在常规公交智能化、出租车智能化、科技执法智能化等领域取得了丰硕的成果，实现了交通运行监测、安全管理、应急协同、信息服务等功能，为深圳每天繁忙的交通提供强力支撑。相信在深圳智能交通应用体系框架的指导下，深圳的智能交通建设一定会得到更加规范、健康、可持续的发展。

第六章

公众出行信息服务

第一节　对公众出行信息服务的诠释

一、公众出行信息服务内涵

公众出行信息服务是指依托交通信息资源整合系统、交通管理信息系统等交通信息化、智能化工作产生的信息资源，通过手机、门户网站、电视、广播、户外诱导屏等多渠道为交通出行者提供出行信息服务。公众出行信息服务是智能交通建设的核心价值体现，其内涵与交通工程中的“两个最优”紧密联系，应包括两个方面。

一是释放需求，也就是满足公众的出行期望，让公众出行最优。具体就是通过人性化的使用体验、准确的信息内容、适时安全的服务方式，和高效便捷的沟通互动，实现服务于公众出行、释放出行需求的目标。

二是调控需求，也就是满足管理者的调控期望，让系统出行最优。具体就是通过路网流量平衡、路径选择引导、危机处置引导、运行指挥引导、公交优先引导、特种出行引导等，实现服务于缓解拥堵、调控需求的目标。

二、公众出行信息服务工作内容

公众出行信息服务工作主要有以下两个方面内容。

一是前端展现，主要是从满足人的感官出发传递信息，包括视觉的、听觉的、触觉的、嗅觉的等。从目前的技术发展趋势看，视觉和听觉仍然是未来五年的主要信息触达形式，也就是现在的N屏战略在未来五年内仍将是主流的公众出行信息服务的前端展现形式，包括手机屏、电脑屏、电视屏、车载屏、诱导屏……，其中最核心的应数手机屏、车载屏和诱导屏。

二是后台服务，主要是解决提供什么信息内容、以什么样的形式和组合方式提供、如何有效沟通互动等问题。这其中包括两个关键点：“整合”和“诱导”。“整合”解决内容问题，“诱导”解决方式问题。具体工作包括数据中心的建立、交通大数据分布式挖掘与分析、基于出行链的交通信息组织、主动信息推送诱导、道路路况预测预报等。

第二节 深圳公众出行信息服务体系

深圳市交通运输委秉承“交通无处不在，服务在您身旁”的人文交通理念，依托互联网技术，逐步推进基于互联网的交通化信息服务，利用“四屏一热线”（手机屏、电脑屏、电视屏、户外屏、12328服务热线）为市民提供“海、陆、空、铁、地”全方位、多模式的综合交通信息服务（图6-1）。

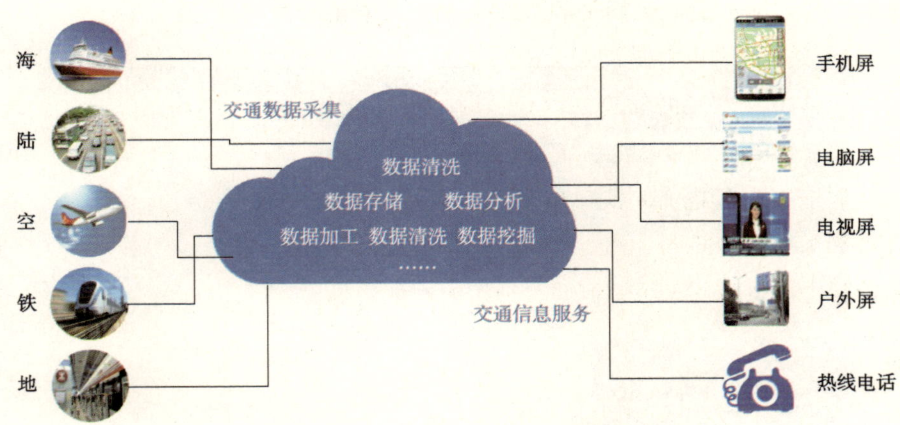

图6-1 深圳公众出行信息服务体系

一、手机屏——“交通在手”手机APP应用

移动互联网时代来临以及智能手机的出现，改变了人们传统的阅读习惯。越来越多的市民利用智能手机上网，聊天以及查询交通信息等，手机也成为了市民大众使用最频繁的电子工具。为此，根据公众的需求，深圳市交通运输委不断拓展信息发布渠道，在2013年春运前期，推出了公众出行服务手机APP应用——“交通在手”。“交通在手”手机APP应用以公众在出行过程中对交通信息的需求为主线，围绕以地理位置的信息服务，为公众提供全出行链“一站式”的信息服务。

（一）全出行链“一站式”的信息服务

“交通在手”是市交通运输委面向公众倾力打造的一款免费公益手机APP应用。经过两年多的优化完善，目前该手机APP应用已经升级到5.0版本，提供“海、陆、空、铁、地”5大类38项基于地理位置的出行信息服务功能（图6-2）。通过“交通在手”，自驾市民可实现在线实时语音导航，可以查询80余条广东省高速公路实时交通路况、深圳市13条高快速路及城市道路的实时交通路况、市内3000多个路外停车场停车泊位信息以及13200多个路边停车泊位信息；公共交通出行市民可以查询800余条公交线路公交车实时到站信息、5条地铁信息、机场大巴信息，并可通过一键召车，实现出租电召服务；长途出行市民可以查询深圳市内49个长途客运场站票务信息、深圳机场实时的航班抵离港信息；来往于深港澳珠四地的市民可以查询深港直通大巴20多条线路的票务信息以及深港澳珠8个码头的轮渡票务信息。

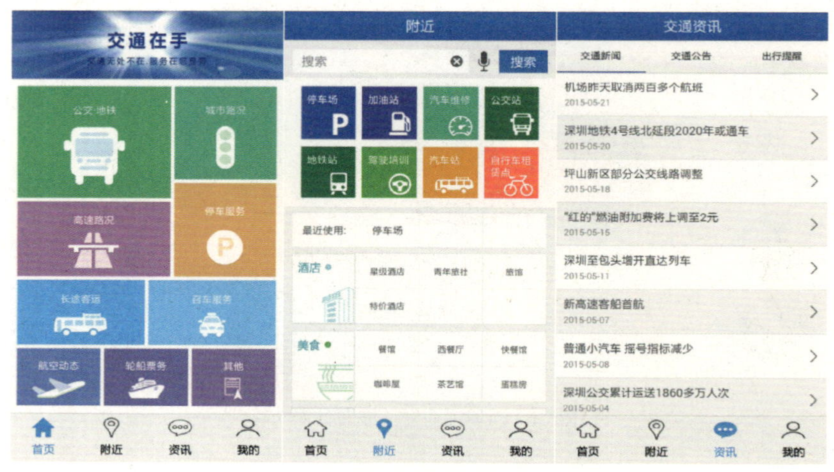

图6-2　交通在手5.0版本界面

（二）“交通在手”手机APP应用亮点功能

1. 实时的城市路况信息

“交通在手”提供全市高快速路及城市道路况信息（图6-3）。通过红黄绿的形式直观体现全市各路段及路口的拥堵情况，以交通指数反映当前全市路网交通运行态势，为自驾出行的市民提供了实时的路况动态信息，有效诱导自驾市民选择合理的出行路径及出行时间，缓解交通拥堵，提高出行的效率。

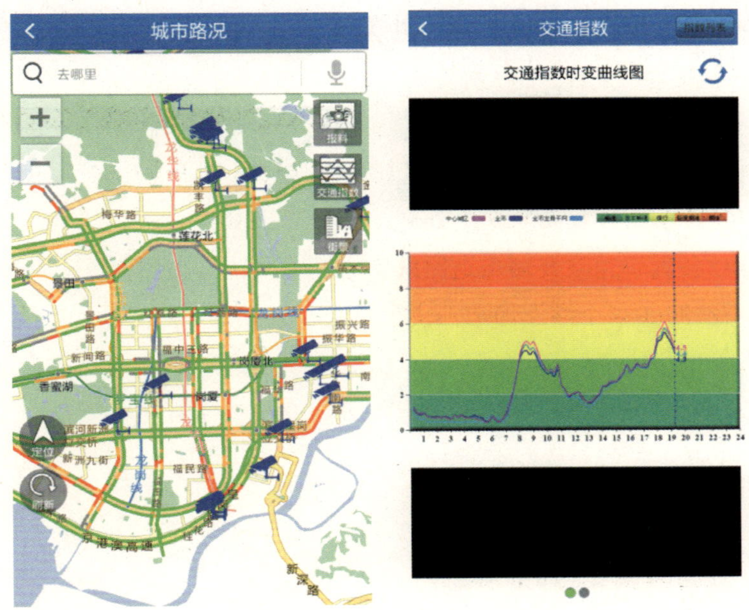

图6-3　城市路况信息

2. 全程的在线语音导航

“交通在手”推出在线语音导航功能（图6-4）。根据市民选择的始终点，语音导航功能提供准确、快捷的出行路线方案，在语音导航指引下，市民便可轻松、快捷地到达目的地。

3. 多区域的停车泊位信息

“交通在手”提供停车服务主要向市民提供路边停车、路外停车、深圳市重要交通枢纽场站以及医院等停车泊位信息服务（图6-5）。目前，“交通在手”接入了深圳市部分停车场停车泊位信息。包括13200个路边停车泊位信息、全市3000多个路外停车场的泊位信息，有效缓解市民出行停车难的问题。

4. 最全面的实时公交信息

“交通在手”为市民提供实时公交信息，已提供10131个途经站、800多条公交线路的实时到站信息服务，是目前线路覆盖最广、公交信息最全的手机电子站牌应用软件（图6-6）。同时，市民可在地图上自动定位周边500米范围内的公交站点及途经线路信息，优化了用户体验，让市民更好的规划出行时间，不再为在公交站台长时间候车而苦恼，实现真正意义上的出行无忧。

图6-4　语音导航界面图

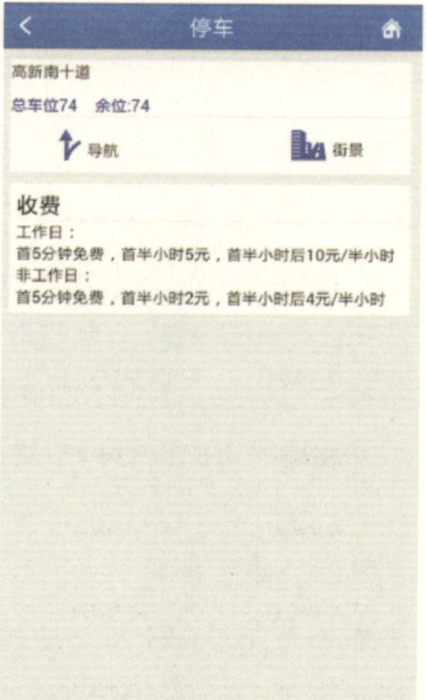

图6-5　停车服务

5. 全覆盖的省高速路路况

“交通在手”提供广东省全省80余条高速公路路况信息，市民随时可根据需要搜索查询想要了解的高速公路路况，每一条高速公路路况通过“T形图”的方式显示，界面直观简洁（图6-7）。

图6-6　实时公交查询

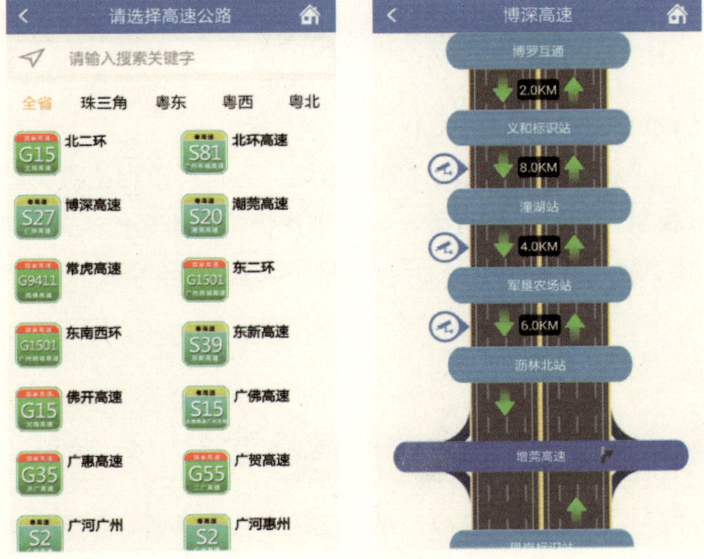

图6-7　广东省高速路况信息

6. 最便捷的电召服务

“交通在手”向市民提供“一键召车”便捷召车服务，通过“一键召车”，系统即自动将用户的手机位置和当前位置信息发送给出租车司机，实现召车服务（图6-8）。

图6-8　一键召车服务

（三）服务成效

“交通在手”手机APP应用从2013年发布起，为市民出行提供实时、便捷、全出行链的交通出行信息，提高了出行效率，受到深圳广大市民的关注。截止至2015年5月，APP应用累计下载总量达139万，日均新增下载量约2500次，日均点击量超过50万人次。

二、电脑屏——e行网综合交通信息发布门户网站

深圳“易行网”（www.e511.com）是以交通出行“睿智、和谐、通达、畅顺”为宗旨的城市交通信息服务门户网站（图6-9）。通过城市道路网、公交线路网、轨道客

流网、信号控制网、出租电召网、停车诱导网、枢纽时间网、场站设施位置网的“八网合一”体系结构，对交通信息进行采集、分析、挖掘、发布，形成集海、陆、空、铁、地五位一体的城市交通信息源服务中心，为市民提供交通出行前与出行途中的全程信息服务。

图6-9 e行网网站界面

目前网站涵盖了交通路况、城际出行、自驾出行、地图搜索、交通新闻及专题服务等多项出行服务内容，公众可以通过点击网站上的内容快速查询所需要的信息。

（一）一体化的出行信息服务

1. 城市实时路况

以实时路况数据、交通事件数据为基础，利用基础地理信息系统，向公众展示深圳市交通路况信息，在电子地图上使用行驶畅通、行驶缓慢、行驶拥堵三种状态的不同颜色标注全市的实时路况。

2. 深圳交通信息

可以查看电子地图标注的视频点、主要道路交通快拍最新影像、交通事件详细信息。

3. 交通资讯

提供最新交通新闻资讯，公众用户可浏览新闻列表、新闻详细内容和下载新闻附件。

4. 公共出行信息

用户提供地铁出行、公交线路查询、公共交通换乘和出租车出行功能。

（1）地铁出行：用户可以进行地铁换乘票价查询、各线路及站点信息查看。

（2）公交线路信息：用户可以进行站点查询和公交线路查询。

（3）公共交通换乘：系统自动根据用户输入的名称进行模糊查询得到起点和终点位置，开始公共交通换乘方案搜索。

（4）出租车出行：系统自动根据用户输入的名称进行模糊查询得到起点和终点位置，开始出租车出行的路线规划。

5. 城际出行信息查询

为用户提供各类线路信息查询，包括长途客车、铁路、航班、港口、出入境口岸。

（1）长途客车信息查询：提供深圳各城区主要的长途汽车站最新的长途客车班次、时刻表、车型、票务等信息。

（2）铁路交通信息查询：铁路交通信息查询提供省内各火车站点的途经列车的详细信息查询。

（3）航班信息查询：航班信息查询提供机场所有航班的详细信息查询，用户可进行网上值机操作。

（4）港口信息查询：航班信息查询提供所有从深圳出发及到达香港、澳门、珠海以及三地进入深圳的航线信息。

6. 自驾出行

用户可在广东省或香港境域内选择，输入起点和终点的名称，系统自动根据用户输入的名称进行模糊查询得到起点和终点位置，开始自驾的路线规划。

7. 地图检索功能

地图信息检索为广大公众提供深圳境内所有城区的POI查询，POI种类包括吃、住、行、休闲、娱乐等10多个方面，基本涵盖公众日常生活。POI查询的结果要包含POI类别、名称、地址、联系方式。

8. 专题服务信息

专题服务信息查询功能为公众提供深圳全市范围内的交通服务设置查询，其囊括交通、医疗、卫生、金融、邮政、电信、住宿、餐饮、旅游、娱乐、购物等方面。

9. 气象信息

可提供深圳市及深圳市各个区县的未来三天的天气预报和当日生活指数。

（二）服务成效

深圳易行网网站自2011年9月开通以来，为市民提供交通出行前与出行途中的全程信息服务，网站信息专业、全面、实时、便捷、实用，成为深圳权威的“综合交通信息一站式服务网站”。同时，网站通过深圳易行网微博进行宣传和与市民有效的互动，使网站访问量节节攀升。

三、电视屏——“全景大交通”电视直播节目

电视节目主要公众群体为中老年和低收入家庭，他们属于互联网少覆盖的人群。为全方位服务各类人群，深圳市交通运输委联合深圳广播电影电视集团，开播全国唯一直播的交通类电视节目——“全景大交通”。该节目以智能交通的大数据为基础，以“深圳大交通”综合服务信息直播为概念，以传播现代交通文明和服务广大交通参与者为宗旨，向深圳地区市民多时段、全方位实时播报交通出行信息。

（一）全覆盖的信息播报

1. 多时段实时交通信息播报

“全景大交通”为全天14小时直播节目（早上7点开始至晚上9点结束），以早晚两个高峰（3小时）为重点交通直播板块，整点穿插路况信息播报（图6-10）。同时，

结合市民出行的实际需求，安排三个播出版本，即常态版（星期一至星期五）、周末版（星期六和星期日）及节假日版（按照国家法定节假日设定播出形式）。

图6-10　全景大交通电视栏目

2. 全方位交通信息播报

“全景大交通”基于深圳全市海、陆、空、铁、地各类综合交通运行数据、综合交通视频监控信号信息、实时路况、公共交通（常规公交、出租、长途客运）运行状况、道路交通运行态势、对外客货运输（海港运输、空港运输、道路运输、铁路运输）情况、高速公路网络运行状况等向市民提供全方位的交通信息播报， 播报内容包括：

（1）全市路况宏观指数；

（2）发布全市路网路况；

（3）发布具体路况监控信号；

（4）现场连线直击（春运特别报道）；

（5）市内公共交通状况发布（公交、地铁、出租车）；

（6）交通新闻资讯、市民互动。

同时，节目采取互动的方式，通过手机定制、车载终端及APP终端软件实现车友爆料的交通画面及文字内容在“e交通”平台上呈现，并且提供对全市出行交通情况的预报，铁路客运票务等服务信息的播报。

（二）服务成效

“全景大交通”在2014年1月16日正式开播，为深圳市民提供全方位直播交通资讯，是国内首档综合交通信息电视直播节目，每天为超过600万人次的公交、地铁出行人群提供实时综合交通信息播报服务，未来将通过数据挖掘提炼指导公众出行的路况预测、交通诱导、出行建议、交通趣闻等交通信息，进一步提高节目品质和服务效果。

四、户外屏——综合交通信息发布与诱导

户外屏主要针对群体为自驾出行的市民，因此，“诱导”成为了户外屏的主要功能。深圳市通过整体规划布局，通过在市内旅游热门景区、高快速路等重点区域、路段以“动态+静态”结合的方式建设户外综合交通信息发布屏，为市民提供全过程出行信息服务。

（一）大梅沙片区综合交通诱导智能化

大梅沙海滨公园是深圳著名海滨景区之一，每年5月开始，特别节假日期间，大量游客通过不同的出行方式前往大梅沙公园游玩，旅游高峰期一天游客量曾达到10万多人次，导致了大梅沙片区道路出现长时间交通拥堵情况。每年“五一”“国庆”黄金周假期，政府管理部门在梅沙片区需投入警力、执勤武警、保安、城管等人员上千人维护交通秩序，疏导交通拥堵，因此迫切需要对大梅沙片区实施智能化的交通管理，通过实施三级诱导屏智能化建设，合理诱导自驾出行市民选择出行路径及实现便捷停车，缓解交通拥堵，解决停车难问题。

1. 诱导信息智能化发布体系

根据大梅沙路网布局，按照综合交通信息发布屏的不同等级，通过发布不同的交通出行综合信息，便于自驾出行的市民选择合理出行路径，以及寻找停车场，解决停车难的问题。

（1）一级综合交通信息发布屏。布设在梅沙片区的外部道路上，主要提供梅沙片区的整体交通运行态势，主要通道的交通运行状况以及替代路径推荐线路、换乘线路、折返线路等（图6-11）。

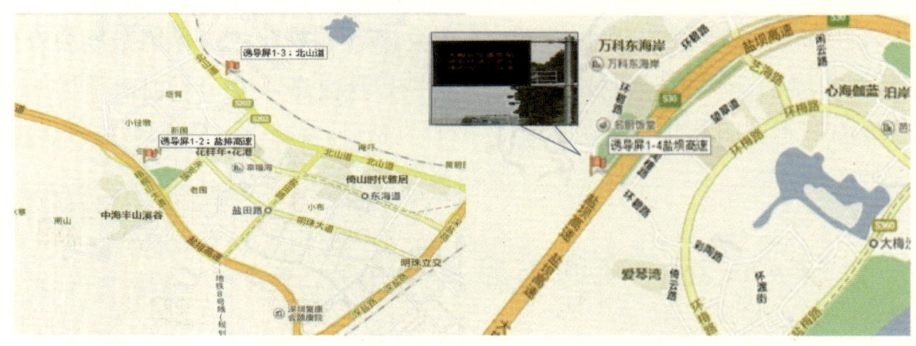

图6-11　大梅沙片区一级综合交通信息诱导屏

（2）二级综合交通信息发布屏。布设在内外道路衔接处，位于进入梅沙片区之前，主要提供梅沙片区内部道路运行状况，主要停车场分布情况，折返线路等（图6-12）。

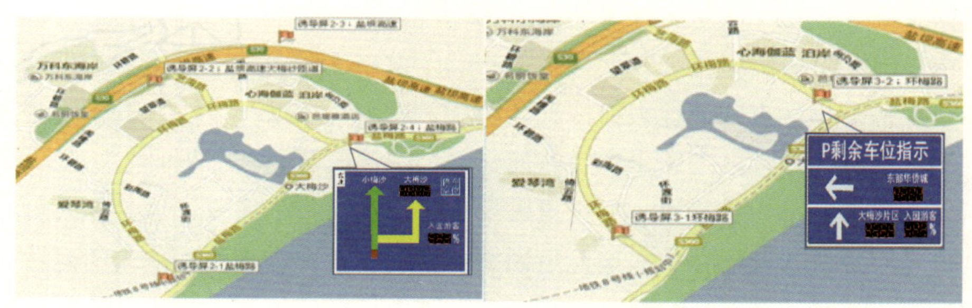

图6-12　大梅沙片区二、三级综合交通信息诱导屏

（3）三级综合交通信息发布屏。布设在内部道路上，位于停车场上游，主要提供前方路口及路段交通运行状况，具体停车场位置、停车空位数等。

2. 综合交通信息发布应用示例

（1）盐排高速南行前往景区。车流经盐排高速南行前往景区主要行驶路径为：盐排高速——盐坝高速——大梅沙。当盐坝高速拥堵时，综合交通信息发布屏可提示替换路径：盐排高速——永安路——北山道——盐葵路——盐梅路——大梅沙；当梅沙片区整体交通运行态势不适宜自驾车前往时，综合交通信息发布屏可提示折返路径。

（2）**盐坝调整出口匝道进入景区**。车辆在盐坝高速出口匝道进入景区后，综合交通信息发布屏可提示景区内部路网交通运行状况和主要停车场车位信息；当梅沙景区内部道路交通运行态势拥堵时，综合交通信息发布屏可提示折返路径。图6-13为综合交通信息发布屏示例图。

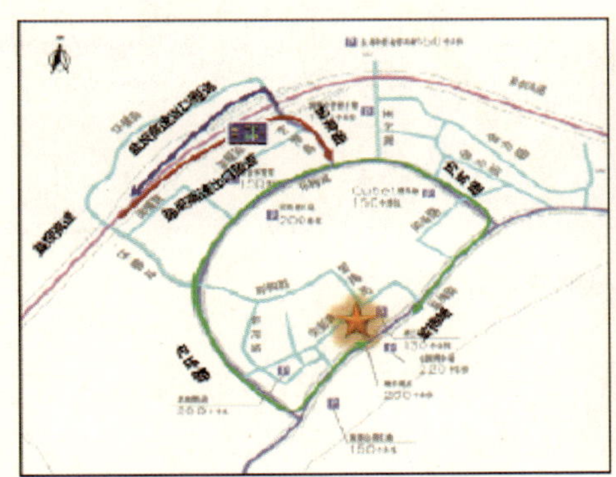

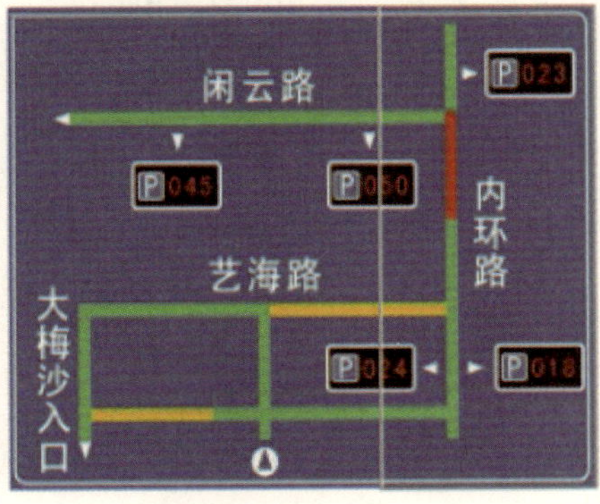

图6-13　综合交通信息发布屏示例

（二）高快速路综合交通诱导智能化——原特区二线关口周边道路试点

随着深圳市特区范围扩展至全市，以及原关外地区城市化进程的快速发展，原二线关口交通运行状况日益恶化，现已经成为深圳市交通拥堵重点治理区域（图6-14）。迫切需要通过加大力度实时智能化建设，为出行者提供全方位、全过程的出行信息服务，实现原特区内外“钟摆式”潮汐道路车辆在主要通道的合理分流，提高原二线关口的整体运行效率，缓解关口交通拥堵。相较于提供通道供给，加强路网对接的长期性，通过综合信息发布屏能够在短期内诱导交通流分布均衡，提高各关口通道整体通行效率。为此，深圳市通过道路路侧或中央建设综合信息发布屏，直接向所有在道路上的自驾出行市民主动提供交通信息，诱导交通流均衡分布，提高各关口通道整体通行效率，以达到发布信息的全覆盖。

1. 信息发布屏布设原则

按照分流原则，将事件（拥挤）路段上的交通需求转移到其他可替换道路上，使事件（拥挤）点上游的车辆到达减少，以缓解事件路段上的拥挤，减少延误。一般采取布设逐级分流、接力式模式（图6-15）。

图6-14　原二线关口拥堵示意图

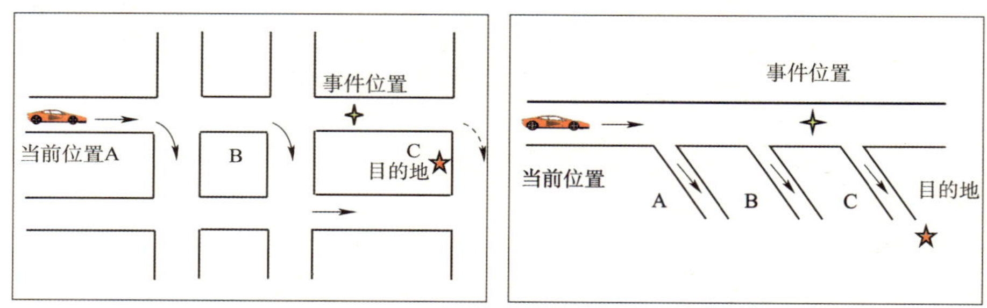

图6-15　分流原则示意图

在"西、中、东"轴原二线关口主要进关通道的重要分流节点处新建一、二级综合交通信息发布屏13块，形成服务进关方向屏体共 19 块，大屏分布如图6-16所示。

2. 信息发布体系

针对综合交通信息屏发布的是可变信息内容，服务于一定行驶速度的驾驶人员，必须保证可视性及准确性，信息发布内容必须服务于交通公共出行。信息发布系统主要功能如下。

（1）简易图形显示模式。以不同的颜色区分交通运行状态，有利于快速将异常事件反馈给道路上的驾驶人员以提高警觉，注意驾驶安全，不同的交通运行状态设计的对应颜色如图6-17所示。

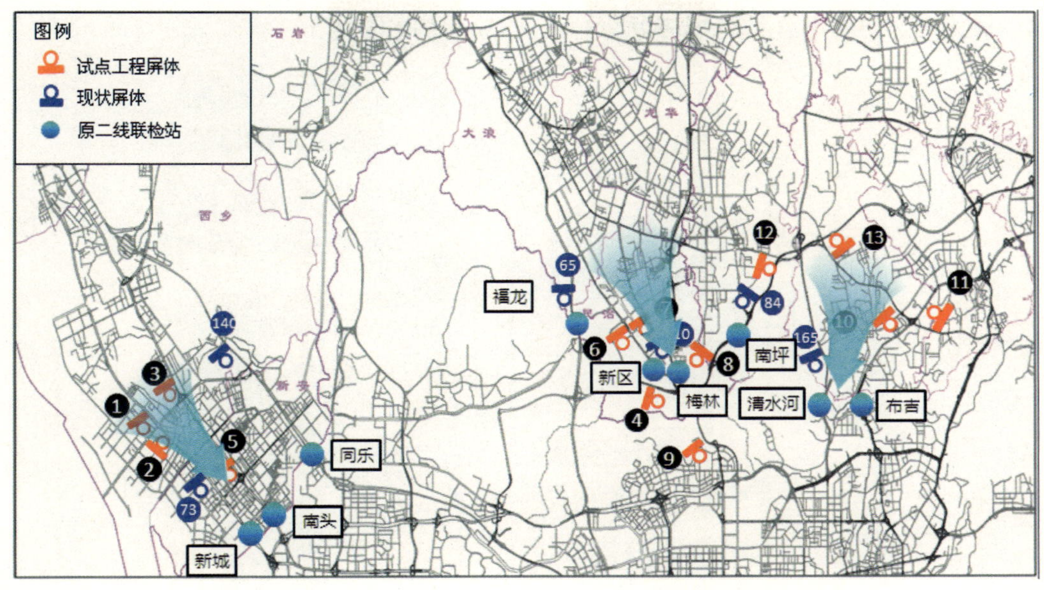

图6-16　原二线关口新增综合交通信息发布屏布点方案

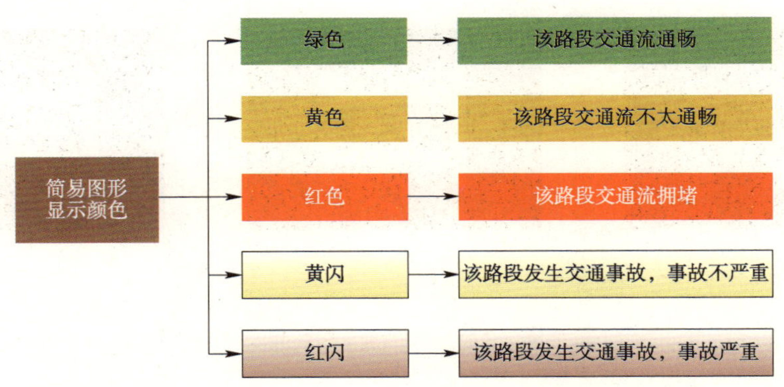

图6-17　简易图形显示模式示意图

（2）信息发布内容。发布信息内容主要包括：交通状况信息、路况信息、事故信息、提示信息、交通管制信息、公益信息、测试信息等（图6-18）。

（3）信息播放优先级划分。以道路运行状态信息划分优先权级，分为道路完全禁行（一级）、部分车道通行（2级）、部分车道可能封闭（3级）、车道通行但存在拥堵缓行（4级）、基本无影响（5级）。当发生交通管制、交通事故等重要交通事件时，即优先级位于2　级以上的交通事件，可以插播形式暂停当前较低优先级的信息播放，播放内容切换示意图如图6-19所示。

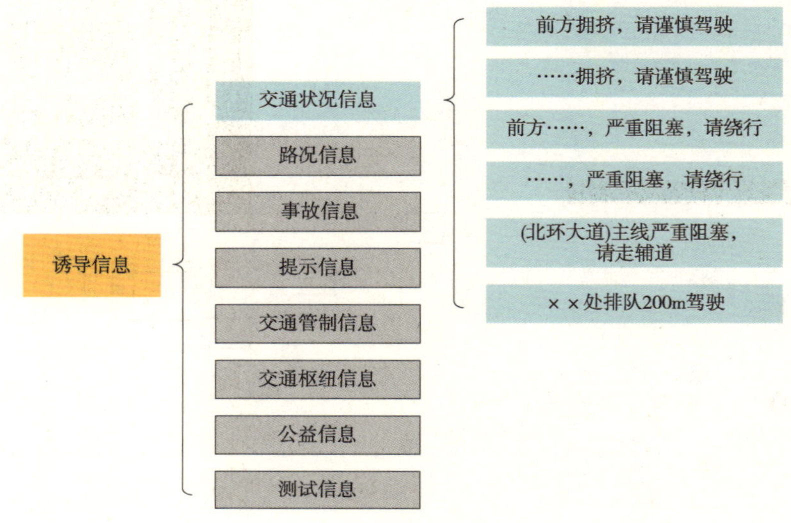

图6-18　发布系统信息内容示意图

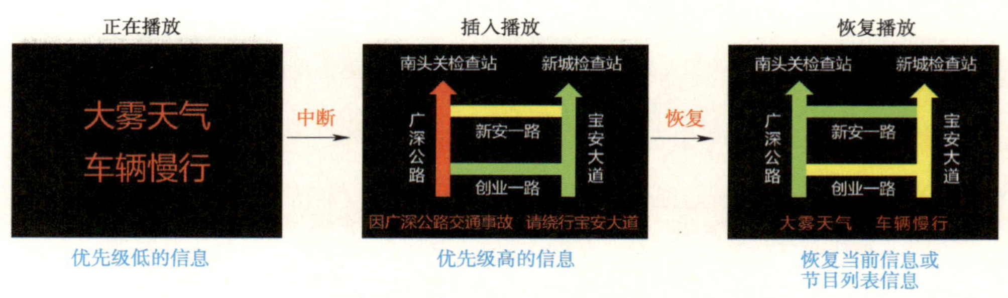

图6-19　发布系统信息内容示意图

（4）信息审核功能。针对发布信息的特征，信息的审核工作主要分为两类（图6-20）。

①自动生成类信息：主要为图形和数字信息，以及固定格式的文字或组成信息，调用交通信息数据库中的固定模版，由系统自动编辑生存，通常由系统自动审核，调试或有其他需要时，也可以由人工审核。

②可编辑类信息：主要为文字信息及其他未形成模版存档的信息，按照信息集设计规格，自动生成或人工编辑而成的，需要进行人工审核。

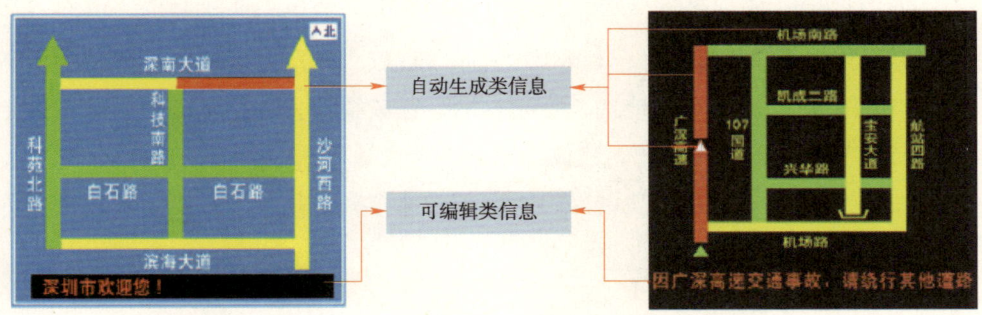

图6-20 综合交通信息发布屏发布信息分类示意图

（三）应用成效

通过建设户外综合交通信息发布与诱导屏，实时发布道路路况运行情况，得到了广大自驾出行市民的认可。目前，深圳已规划建设105块道路综合交通信息发布屏，2014年至2015年在建13块，其他将于3年内建成。同时综合交通信息发布屏将根据不同的需求，增加停车泊位信息、交通枢纽信息、慢行交通信息等信息的发布，诱导自驾出行的市民选择合理的驾驶路径，进一步发挥疏堵通畅的作用。

五、服务热线——12328综合交通资讯服务

2013年8月，交通运输部印发了《交通运输部关于改进提升交通运输服务的若干指导意见》，将“开通全国交通运输服务监督电话”作为便民利民的重要抓手和群众教育路线实践活动的十件实事之一，并于当年12月27日下发通知，明确深圳市作为全国第一批交通运输服务监督电话试点城市。2014年1月，深圳市政府将统一构建12328交通资讯服务平台列为2014年市政府年度重大民生实事之一。

针对之前深圳市交通资讯服务热线电话近百个，给市民、企业的咨询投诉建议等带来众多的不便，同时由于原有市交通运输委下属信息中心服务热线平台系统老旧，难以兼容扩展与“12345”热线等其他投诉咨询系统的数据交换，不利于为市民提供更为高效的交通信息服务。通过服务热线系统升级，达到12328统一服务热线的要求，并建立涵盖热线、微信、短信、传真、网络5种方式的资讯平台，以创新的服务理念拓展资讯服务渠道、加强综合交通服务能力。

（一）基本服务

12328综合交通资讯服务平台以座席电话、微信、传真和12345转办件等为业务受理入口，处理公交、出租车、地铁、长途客运、行政执法、道路基础设施等20余个交通运输行业的相关服务质量问题、建议、投诉、表扬等问题。

交通综合资讯服务平台的使用部门或服务对象主要包括社会公众、管理部门和交通运输行业经营企业等。

1. 面向公众的服务

交通综合资讯服务平台对公众的服务分为两大类，一是公众能够准确、快速、便捷地获取各类静态、动态交通资讯信息，以便做出优化的出行方案；二是公众能够畅通地将各种投诉、建议等信息反馈给行业主管部门和经营企业，并能够得到及时的响应和快速解决，实现对交通运输行业进行社会监督，以促进行业健康发展和服务水平的不断提升（图6-21）。资讯平台为公众提供以下服务。

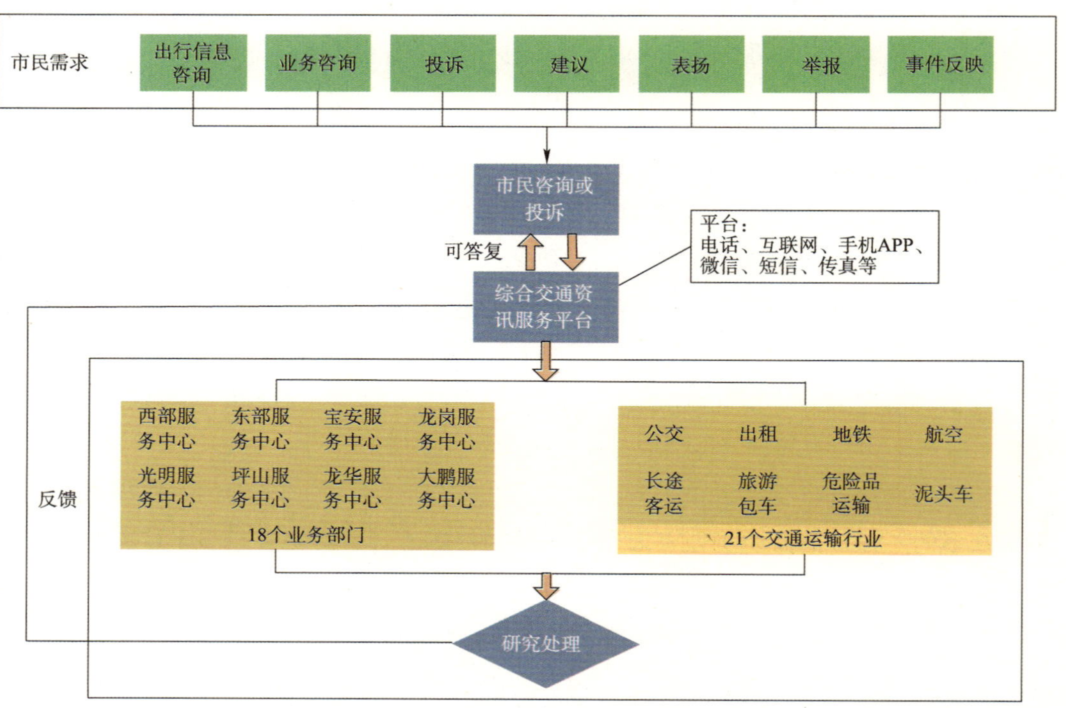

图6-21　市民需求服务流程

（1）交通资讯咨询、查询。公众通过该平台，咨询或查询各类静态、动态交通资讯信息。

（2）业务办理咨询、查询。公众通过该平台，咨询或办理各民生业务。

（3）定制交通信息服务。公众能定制个性化交通信息需求服务，并通过短信、微信等方式，定时自动发送到其手机，满足社会公众个性化交通信息需求。

（4）投诉信息处理。公众通过该平台，对各种不满意的交通服务进行投诉，并可查询所反映的服务投诉受理、处理情况。

（5）表扬信息处理。公众通过该平台，对交通运输行业各种需要表扬的好人好事现象进行受理，并可查询所反映的好人好事现象受理、处理情况。

（6）合理化建议受理。管理人员通过该平台，收集、受理社会公众对交通管理政策、交通规划、交通运行组织、交通运营服务等各个方面提出的各种合理化建议，并转交相关职能部门或企业处理，并将处理结果反馈建议人。

（7）举报信息受理。管理人员通过该平台，收集、受理社会公众对非法营运、违规经营、破坏交通设施等交通违法犯罪事件的举报信息，并转交相关职能部门调查处理，并将处理结果反馈举报人。

（8）交通事件反映。管理人员通过该平台，收集、受理社会公众所反映的交通拥堵、重大交通事故以及路面塌陷等交通事件信息，并转交相关职能部门调查处理，并将处理结果反馈反映人。

2. 面向管理部门的服务

管理部门是综合交通资讯的发布者、咨询服务的提供者、日常业务办理者、企业经营监督管理者和交通服务考核评价者。综合交通资讯服务平台为管理部门提供的服务可以概括为以下四大点。

（1）交通资讯信息。主要通过网站形式向社会公众公开发布各种静态、动态综合交通资讯信息，形成综合交通资讯服务平台为社会公众提供资讯服务的基础。

（2）社会公众投诉咨询信息处理。提供语音、网站、短信、微信等多渠道的综合业务受理方式，受理社会公众提出的投诉、建议等信息

（3）业务量查询统计。系统将对咨询平台的访问量、咨询量、投诉量、投诉事件严重性等级、咨询办理时间、投诉处理效率等数据进行统计、分析和上报，用作对咨

询服务人员、各行业、各部门（企业）服务质量的评价指标，行业管理部门管理决策的参考依据，以及资讯服务平台系统功能改进的参考依据。

（4）考核评价。主要对综合交通资讯服务工作的监督检查与考核评价，以及对业务主管部门和经营企业受理业务、投诉、建议等的办理情况的监督检车和考核评价。

3. 面向行业企业的服务

（1）信息咨询、查询。通过该平台，咨询或查询各类行业管理法规政策信息、业务办理程序信息和行业统计信息等。

（2）转办业务处理与反馈。企业可以在网上受理交通主管部门转办的投诉、建议等业务信息，并可将办理结果自动反馈回到交通主管部门。

（二）服务成效

12328综合交通资讯平台在2014年底由原来系统升级改造完成，实现了对原有业务管理系统和业务查询系统的整合和功能扩展。目前，服务热线日均话务量在3500～4500次，最高记录超过1万次，实现了全市交通运输服务的“一号通”，进一步强化了我市交通运输资讯服务功能，成为改进提升服务、加强社会监督的重要抓手，同时也是倾听民声、畅通民意、排解民忧的重要渠道。

本章小结

信息服务是智能交通极为关键的组成部分，智能交通的建设一方面为城市交通管理部门提供交通运行监测、决策支持、协同管理；另一方面满足了公众的出行需求，为公众提供全方位、实时的综合交通信息服务，合理引导公众的出行方式及出行路线，有效地缓解了交通拥堵。近年来，深圳市交通运输委逐步确立了“四屏一热线”信息服务战略体系，整合了三十多项服务功能。每天，出行信息服务受众面达到了几百万人次，诠释了“交通无处不在，服务在您身旁”这一信息服务的工作宗旨。

第七章
深圳智能交通发展的创新与经验

第一节　深圳智能交通发展创新

一、 以顶层设计为纲

顶层设计决定工作的方向和高度，是智能交通可持续发展的基础。深圳市交通运输委员会从“编规划、建体系、立制度、定标准”四个方面谋划了深圳市智能交通顶层设计，编制了《深圳市智能交通“十二五”规划》等一系列规划，制订了《三年行动计划》，明确了深圳市智能交通的发展目标和建设任务；积极推进智能交通26个建设主题、68项任务和4项保障措施，形成了综合交通数据中心和智能公交、智能设施、智能物流、智能政务平台的“1+4”业务体系框架；建立了“统一规划、统一标准统筹资金，分工负责、分步推进、分块实施”的“三统三分”协同推进机制；成立了深圳市智能交通标准化技术委员会，搭建了智能交通标准化体系框架，制订了一系列应用技术标准，奠定了数据共享、系统集成的基础；从顶层设计的角度，勾勒出深圳市智能交通发展蓝图。

二、 “软件+硬件”载体融合发展

深圳市智能交通发展始终坚持软硬件融合发展的原则。通过建设深圳市综合交通运行指挥中心，汇集各类交通数据，为智能交通系统运行提供基础数据保障。通过建设面向全行业共享的交通基础地理信息共享平台——T-GIS，集成10套不同用途地图、多项城市基础支撑数据和交通基础数据，为智能交通系统运行提供信息共享基础。

通过“硬件载体”综合交通运行指挥中心与“软件载体”T-GIS平台相结合，形成交通信息统一视图，对交通规划与建设、交通业务管理与服务、综合运行指挥、公众出行信息服务等各种系统提供统一的数据支持。

三、“传统+移动终端”模式结合推进

移动互联网时代，随着移动终端日趋普及，大众对于无线上网的要求也逐步提高。为进一步提高公共服务水平，深圳市交通运输委员会采用“传统+移动终端”模式，对内建设“智慧交通管理系统+移动终端应用‘交运通’”，实现管理模式的转变和办事效率的提高；对外打造“公众出行门户网站e行网+移动终端应用‘交通在手’”，为公众提供海、陆、空、铁、地全方位、多模式的出行服务。

四、“数据+服务+产业”意识深入人心

深圳市交通运输委员会紧跟时代发展，逐步强化“数据意识”、“服务意识”、“产业意识”，立足“数据采集、数据挖掘、数据应用”全过程，全面夯实基础数据环境，全方位拓展交通信息服务，促进智能交通“建设大合作、信息大服务、产业大发展”。

（一）数据意识

智能交通发展的基础是综合交通大数据，始终围绕着智能交通三大核心任务进行：一是综合交通大数据的采集与共享，通过感知、汇聚、接入、共享、众包等方式，采集海、陆、空、铁等综合交通数据；二是综合交通大数据的集成与分析，以应用为导向，对所采集的综合交通数据进行挖掘与分析；三是综合交通大数据的应用与发布，包括行业管理应用和公众出行信息服务应用。如何充分认识数据资源的核心地位作用，决定着智能交通下一步该如何发展。

（二）服务意识

智能交通发展的终极目标是服务民生出行，利用信息化“推行大服务、服务大民生”是促进交通事业长期稳定和可持续发展的根本保障。深圳市交通运输委员会以“交通无处不在，服务在您身旁”的人文交通理念为宗旨，不断创新交通信息服务模式，通过手机屏——“交通在手”手机APP应用、电脑屏——e行网综合交通信息发布门户网站、户外屏——综合交通信息发布与诱导屏、电视屏——“全景大交通”电视直播节目和12328综

合交通资讯服务热线等“四屏一热线”，为公众提供全方位的综合交通信息服务。

（三）产业意识

智能交通发展的方向是产业一体化。深圳市交通运输委员会与腾讯、中国科学院深圳先进技术研究院、清华大学深圳研究生院、车联网等多家企业、科研院校和社会机构开展全面战略合作，通过智能交通协会和智慧交通产业促进会两个协会试点政企合作项目，推动智能交通产学研用一体化发展。

第二节　深圳智能交通发展管理经验

一、完善的智能交通管理架构

（一）多层次的智能交通管理架构

为加强深圳市交通运输委员会信息化、智能化工作的组织领导，加快推进交通运输行业信息化、智能化项目建设，构建了“深圳市交通运输委—智能交通处—总中心（综合交通运行指挥中心）—分中心（在职能单位和辖区局搭建的运行指挥智能分中心）”的智能交通管理架构（图7-1）。管理架构的职责范围主要是围绕信息化、智能化项目规划、计划、立项、实施、验收、运行、维护全生命周期开展相关工作，实现“智能技术”、“业务需求”、“应用对象”有效衔接。图7-2为深圳市交通运输委员会智能交通板块工作运行机制示意图。

1. 专职的智能部门

在全国，深圳市交通运输委第一家设立智能交通处，该处承担委智能交通板块“统筹处、规划处、前期处”和智能交通工作大例会“秘书处”的职责，主要负责以下方面的工作。

（1）贯彻执行国家、省、市智能交通、交通科技的法律、法规、规章、政策、规范和标准；拟订相关的地方性规范和技术标准，经批准后组织实施。

深圳市交通运输委员会
智能处
建管处
空港处
公交处
设施处
执法支队
客运局
港货局
西部局
东部局
宝安局
龙岗局
光明局
龙华局
……
运行指挥中心
智能中心
东部分中心
西部分中心
宝安分中心
龙岗分中心
光明分中心
坪山分中心
龙华分中心
大鹏分中心
空港分中心
执法分中心
设施分中心
客运分中心
港货分中心
建设分中心
质监分中心
停车分中心
引航分中心

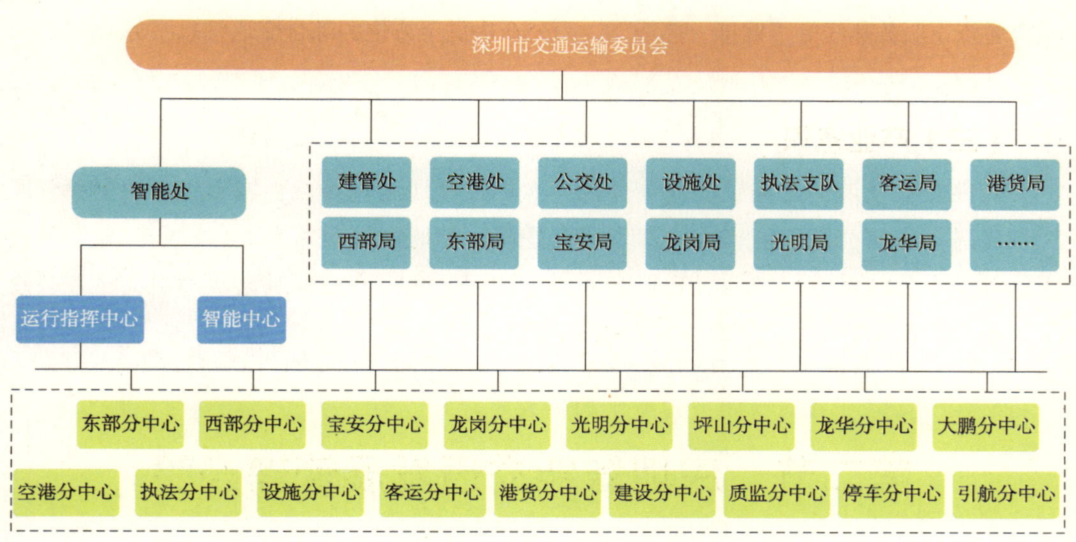

图7-1 智能交通管理架构

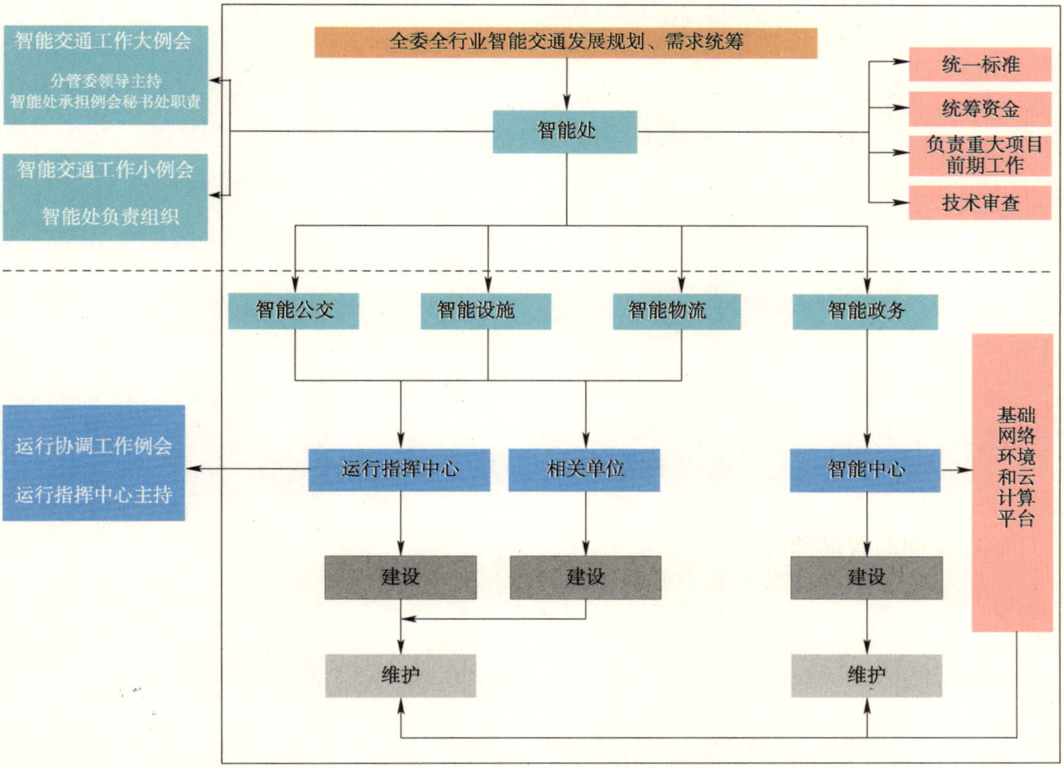

智能交通工作大例会
分管委领导主持
智能处承担例会秘书处职责
智能交通工作小例会
智能处负责组织
全委全行业智能交通发展规划、需求统筹
智能处
统一标准
统筹资金
负责重大项目前期工作
技术审查
智能公交
智能设施
智能物流
智能政务
基础网络环境和云计算平台
运行协调工作例会
运行指挥中心主持
运行指挥中心
相关单位
智能中心
建设
建设
建设
维护
维护

图7-2 智能交通板块工作运行机制示意图

（2）承担全市智能交通、交通科技发展责任。负责全市智能交通工作；拟订和修编全市智能交通、交通科技发展战略、中长期规划及智能交通专项规划；拟订智能交通、交通科技发展政策；指导、统筹全市智能交通研究、建设、信息共享、运行维护、协调管理、推广应用工作；组织协调重大交通科技项目研究、开发和推广工作。

（3）组织收集服务对象和政府相关各部门有关智能交通规划、政策、建设、应用、服务的需求和建议，并负责汇总、分析。

（4）负责拟订全市智能交通、交通科技政府投资项目的年度建设计划；统筹本委智能交通项目的项目建议书、工程可行性研究、初步设计及概算等前期和报批工作。

（5）负责全市智能交通、交通科技政府投资项目的项目建议书、工程可行性研究、初步设计的审查；负责政府投资的智能交通项目的招投标管理和建设管理工作。

（6）承担建设和管理全市智能交通公用平台的责任。负责智能交通基础信息采集，统筹交通相关设施、运输工具、运营过程、道路运行状况等交通相关信息的采集工作；负责全市政府投资的智能交通传输网络的建设；负责整合全市交通信息数据资源，建立全市智能交通数据中心和智能交通共享平台；负责智能交通基础信息的分析；负责政府投资智能交通建设项目的协调工作；负责交通诱导仿真、交通决策仿真建设管理。

（7）负责指导和监督管理政府投资智能交通系统的维护工作。

（8）负责政府投资的智能交通、交通科技项目报批、颁布、组织宣传、归档、组织实施、跟踪管理、分析评估和检讨。

（9）承担交通运输信息安全管理责任。负责建立信息安全管理制度；组织建立信息安全组织体系和保障体系。

（10）组织智能交通、交通科学技术交流与合作，协调组织社会资源参与智能交通、交通科技建设工作，推广科技创新技术应用和智能交通产业化。

（11）负责本委电子政务建设和运行维护管理工作，承担内、外网的建设管理工作。

（12）负责智能交通、交通科技的环境保护和节能减排工作；负责职责范围内的安全生产监督管理和维护稳定工作。

2. 集中统一的数据运行平台和管理机构

为集中统一管理各类交通数据，深圳市交通运输委成立深圳市综合交通运行指挥中心及深圳市智能交通中心。

1）综合交通运行指挥中心

深圳市综合交通运行指挥中心承担全市智能交通“建设中心、数据中心、运行中心、可视中心、监测中心”的职责；负责组织召开“1+X”（综合交通运行指挥中心+各交通运行指挥分中心）的运行协调工作例会；负责“智能公交、智能设施、智能物流”平台和智慧交通处置平台的建设、运行、维护、安全工作；负责统筹综合交通运行指挥中心和各分中心的建设、运行、维护、安全工作。其主要职能如下。

（1）参与起草相关的地方性规范和技术标准，参与拟订、修订全市智能交通、交通科技发展战略、规划、政策，参与拟订全市综合交通运输体系运行评价指标体系和交通信息发布制度，经批准后组织实施。

（2）负责全市综合交通运行智能化平台系统的建设、管理工作。负责全市智能交通研究、信息共享、推广应用工作；负责深圳港信息化建设及管理工作；负责全市政府投资智能交通项目的移交接收、产权登记、档案和信息管理工作；参与组织全市重大交通科技项目的开发和推广工作。

（3）参与全市智能交通建设项目前期工作；参与拟订全市智能交通、交通科技政府投资项目年度建设计划；承担本系统智能交通项目建设及运行维护工作。

（4）承担全市综合交通运输体系的运行监测工作；开展全市城市交通运行状况和发展态势的分析研究；开展城市交通规划、设计及组织方案的仿真模拟与评估，为城市交通管理提供决策支持。

（5）负责全市综合交通运输体系数据、信息的集成和管理工作，编制全市城市交通和交通运输行业运行状况的报告；受市交通运输委委托，发布全市城市交通和综合交通运输信息及运行服务指数。

（6）负责相关政府部门和服务对象有关智能交通需求、建议、投诉等的收集及处理工作；开展全市智能交通服务评估，提出服务改善建议或解决方案建议。

（7）承办主管部门交办的其他事项。

2）智能交通中心

智能交通中心承担深圳市交通运输委智能交通“产权登记中心、信息安全防护中心、云计算中心、基础网络平台、智能政务平台”的建设、运行、维护、安全工作。其主要职能如下。

（1）贯彻执行国家、省、市智能交通、交通科技的法律、法规、规章、政策、规范和标准；参与拟订相关的地方性规范和技术标准，经批准后组织实施。

（2）参与全市智能交通、交通科技发展战略、中长期规划及智能交通规划拟订、修订工作；参与拟订智能交通、交通科技发展政策；参与全市智能交通研究、信息共享、运行维护、协调管理、推广应用工作；推进实施全市智能交通项目的建设工作。

（3）参与拟订全市智能交通、交通科技政府投资项目的年度建设计划；负责市交通运输委智能交通的项目建议书、工程可行性研究、初步设计等前期工作。

（4）负责智能交通基础信息采集工作；负责建设全市政府投资的智能交通传输网络；负责建设全市智能交通数据中心和智能交通共享平台。

（5）负责智能交通传输网、数据中心、共享平台和市交通运输委智能交通项目以及相关软件系统、硬件设备、网络设施的维护管理工作。

（6）负责深圳港信息化建设；负责建立市交通运输委的信息安全组织体系和保障体系。

（7）承办上级部门交办的其他事项。

3. 各部门、单位实行“业务+智能”的运行模式

各业务部门、单位负责承担本单位部门业务范围内智能化、信息化项目的实施工作，负责本单位交通运行指挥分中心的建设、运行、维护、安全管理工作。“业务+智能”运行模式实行责任人制度，各单位主要负责人为本单位信息化、智能化工作的第一责任人。

（1）参与拟订智能交通发展战略、规划和技术标准；参与编制智能交通项目年度建设和维护计划；参与重大智能交通项目前期工作。

（2）负责本单位部门业务范围内的智能交通系统和各交通运行指挥分中心的建

设、运行、维护、安全工作，并负责提出本单位部门业务范围内智能交通系统建设需求。

（二）“三统三分”的工作分工

信息化、智能化项目应在筹划过程中做到“三统”，即统一规划、统一标准、统筹资金；在实施过程中采取“三分”，即分工负责、分步推进、分块实施的原则，做到互联互通、资源共享，避免重复建设（图7-3）。

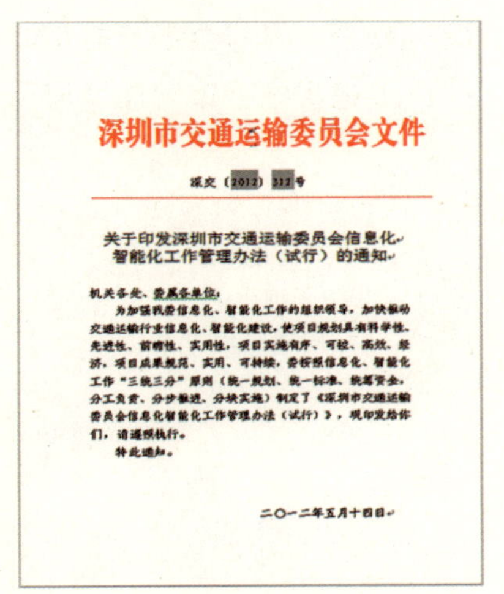

深圳市交通运输委员会文件

深交〔2012〕312号

关于印发深圳市交通运输委员会信息化智能化工作管理办法（试行）的通知

机关各处、委属各单位：

为加强我委信息化、智能化工作的组织领导，加快推动交通运输行业信息化、智能化建设，使项目规划具有科学性、先进性、前瞻性、实用性，项目实施有序、可控、高效、经济，项目成果规范、实用、可持续，委按照信息化、智能化工作“三统三分”原则（统一规划、统一标准、统筹资金，分工负责、分步推进、分块实施）制定了《深圳市交通运输委员会信息化智能化工作管理办法（试行）》，现印发给你们，请遵照执行。

特此通知。

二〇一二年五月十四日

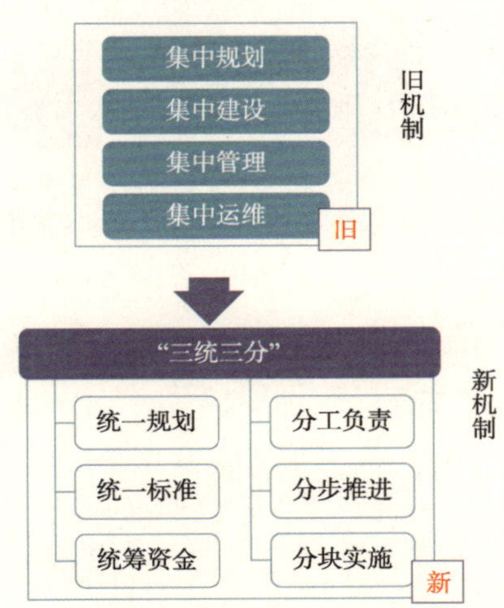

图7-3　“三统三分”的工作分工

二、科学的发展步骤

智能交通发展是信息化发展的一部分，任何组织由手工信息系统向以计算机为基础的信息系统发展时，都存在着一条客观的发展道路和规律。数据处理的发展涉及技术的进步、应用的拓展、计划和控制策略的变化以及用户的状况四个方面。诺兰（NOLAN）1973年总结了这一规律，并于1980年进一步进行了完善，形成了所谓的诺兰阶段模型（图7-4）。

深圳智能交通发展宏观上遵循了诺兰模型的发展规律，目前处于集成阶段，正在向数据管理阶段过渡。但是在不同的阶段，深圳智能交通发展充分结合了所处时代技术发展特点，做到了阶段性跨越式发展。

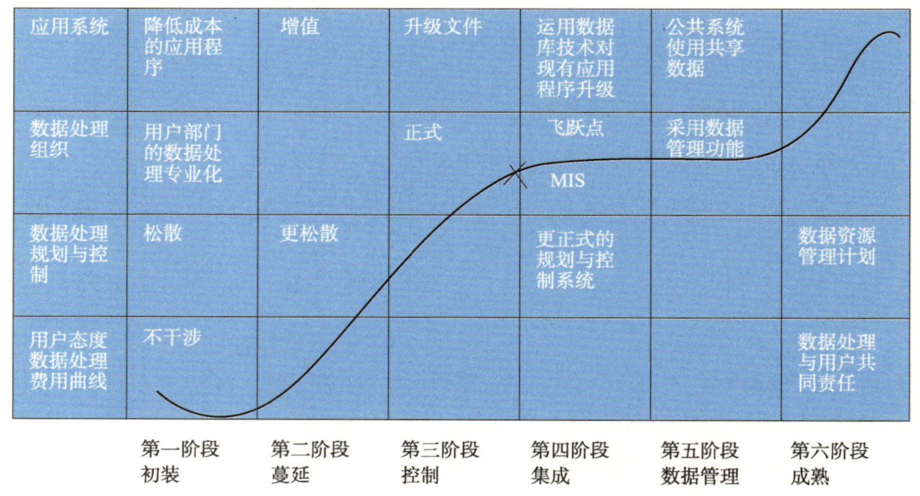

图7-4　信息化发展诺兰模型

三、“一把手”工程

智能交通建设是一项综合性的工程，需要统筹资金、规划、标准，需要协调各个相关部门破除体制壁垒、推动各部门形成合力，推进各项工作协同落实，方能有成。深圳市智能交通建设确定了“一把手”负责制，由深圳市交通运输委员会主任主抓推进，成立以委主任办公会为基础的决策平台，负责信息化、智能化工作重大事项的决策，提出了将交通运输管理构建在“科技+制度+文化”之上的工作理念和“砸锅卖铁也要干智能”的总体方针。依托“一把手”工程，智能交通数据采集整合力度大大加强，项目协调量大大减少，资金保障力度、规划实施效率明显提升，保障了智能交通从无到优的跨越式发展。

四、智能“金字塔”设计

发展智能交通首先需要明确指导思想，规划好5年至10年的体系、架构、规划、标准，并根据技术发展的特点和趋势及时修订，设计形成良好的智能“金字塔”，保障智能交通建设的高效可持续。

（1）指导思想：以信息化智能化引领综合交通运输现代化国际化一体化。

（2）工作理念：将交通运输管理构建在“科技+制度+文化”之上。

（3）总体方针：“砸锅卖铁干智能”。

（4）工作体系：面向行业应用需求，搭建了“1+4”（1个综合交通数据中心，智能公交、智能设施、智能物流、智能政务4大平台）智能交通应用体系框架；面向技术发展趋势，构建了“5层次”（感知层、传输层、数据层、支撑层、应用层）的智能交通技术体系框架，明确了智能交通的顶层架构。

（5）总体架构：提前确定了逻辑架构、技术架构、通信架构和信息共享架构。

（6）规划纲领：编制了《深圳市智能交通“十二五”规划》，同时为了落实规划，编制了《深圳市智能交通三年行动计划》等，明确了8大建设重点，26个建设主题、68项任务和5项保障措施。

（7）标准体系：成立了深圳市智能交通标准化技术委员会，落地在大交委智能交通处，构建了智能交通标准化体系框架。

五、支撑和合作平台

（一）重视投入

“砸锅卖铁也要干智能”。加大在智能交通建设上的资金投入，并积极争取各类示范应用、科技创新、固定投资和产业资金的支持。智能交通的资金投入包括市财政部门下达的部门预算、交通专项资金，市发改部门下达的固定资产投资资金，上级部门下达的资助资金及其他信息化、智能化资金。

重视直接投入的同时，拓宽合作和融资渠道，在项目建设、信息服务、数据共享等方面开展全方位的合作，促进规模化发展，建立数据采集、分析、维护、应用的软硬件支撑（图7-5）。

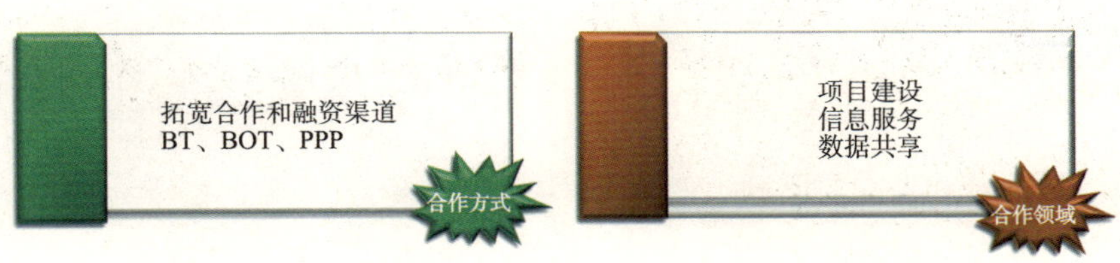

图7-5 合作投入方式

（二）合作战略

开展与企业、科研院校、社会机构全面战略合作，推动产学研用一体化。与几十家单位签订战略合作协议，包括深圳大学、清华大学深圳研究生院、中国科学院深圳先进技术研究院、深圳广播电影电视集团、三家电信运营商、腾讯、百度、华为、车联网、凯立德等，为智能交通发展提供人才、技术、资金等资源保障（图7-6）。

图7-6　战略合作

首届“北上广深城市交通年会”在深圳举行，四市交通管理部门携手探索城市交通可持续发展之路，推动四市交通“政策互联、信息互通、经验互鉴、工作互动”。

首届“北上广杭深 TOCC/TICC”综合交通信息化工作创新论坛在深圳举行，建立起一线城市间交通信息化先进经验的交流平台（图7-7）。

图7-7　沟通和合作平台

六、产业培育

（一）智能交通协会和智慧交通产业促进会

成立智能交通协会和智慧交通产业促进会。智能交通协会在横向拓展行业发展，智慧交通产业促进会纵向促进产业一体化（图7-8）。

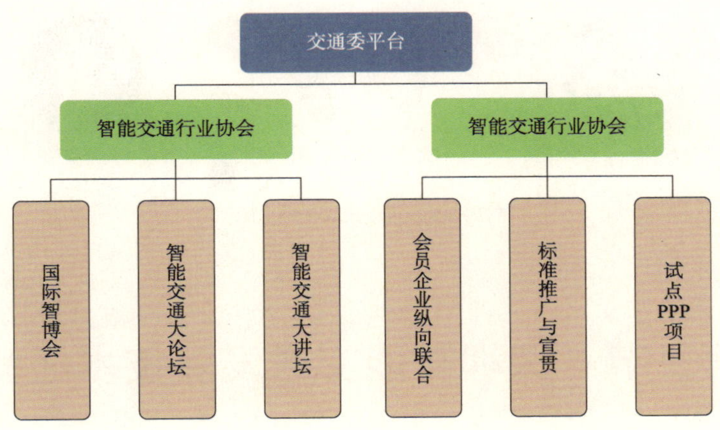

图7-8 两个协会的定位

通过两个协会建设推进产业发展、加强行业组织指导与建设，开展政企合作项目试点，发挥市场化力量在智能交通工作的力量比重。凸显智能交通展览会和智能交通大讲坛的“打火石”作用，打造中国智能交通领域的“达沃斯”，促进产学研用一体化（图7-9）。

图7-9 智能交通展览会和智能交通大讲坛

（二）科技成果转化推广应用

通过加速交通科技成果转化推广应用，优化升级交通产业结构，促进交通产业规模发展（图7-10）。

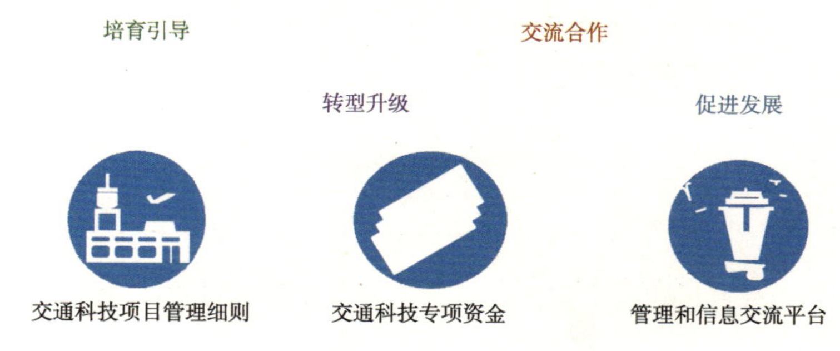

图7-10　科技成果转化推广应用

第三节　深圳智能交通发展技术经验

一、统一运行平台技术

深圳市智能交通建设始终重视统一运行平台的构建，在搭建运行载体、构建运行环境、建设交通信息高速公路、汇聚运行数据、建立信息共享基础方面着重体系建设和技术应用。

（一）搭建运行载体

依托深圳市综合交通运行指挥中心，在市深圳市交通运输委17个业务管理单位分别建设17个运行指挥中心智能分中心，形成各定其位、协调联动、运转高效的“1+17”运行载体。

（二）构建运行环境

逐步搭建“1+N”（深圳市交通运输委内部虚拟平台+腾讯云计算平台、中国科学院深圳超算分中心、国家超级计算深圳中心等）分布式基础云环境，实现交通大数据实时接入、高效运算、安全存储（图7-11）。

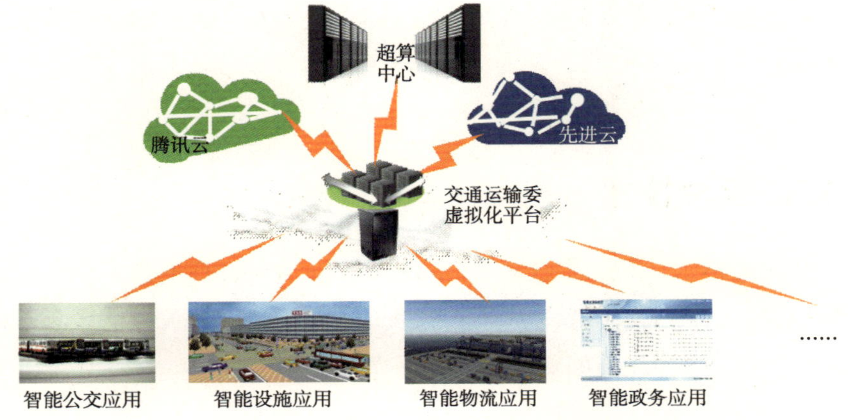

图7-11 深圳市智能交通运行环境逻辑框架

（三）建设交通信息高速公路

建设1个交通骨干网（带宽40G），用于连接全委各单位、主要行业企业和全市各数据共享单位，为智能交通系统运行提供基础链路保障。

（四）汇聚运行数据

采集30大类75项交通运输行业静态信息和动态运营信息数据、13万台营运车辆的实时动态GPS数据、12600多路监控视频数据，为智能交通系统运行提供数据保障（图7-12）。

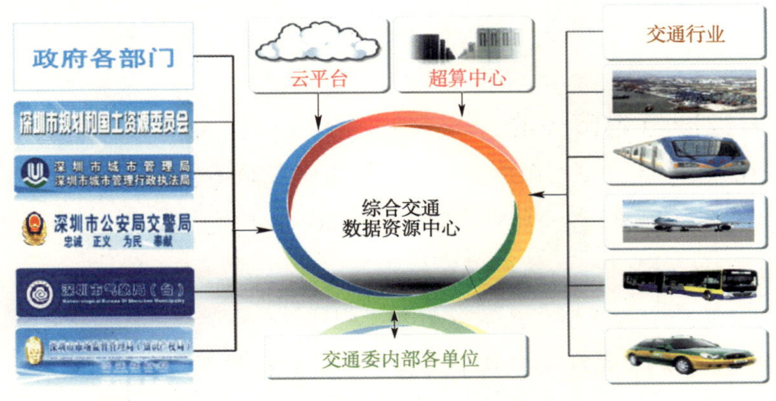

图7-12 综合交通数据资源中心

（五）建立信息共享基础

首创了面向全行业共享的交通基础地理信息共享平台—T-GIS，集成10套不同用途地图、165小项城市基础支撑数据、185小项交通基础数据，为智能交通系统运行提供信息共享基础。

二、大数据应用技术

大数据技术是继云计算、物联网之后IT行业又一大颠覆性的技术革命，在军事、医疗、金融、交通等各个领域应用广泛。从海量数据中获取价值，能够面向新的时代环境为行业决策和服务带来新的解决思路和方法（7-13）。

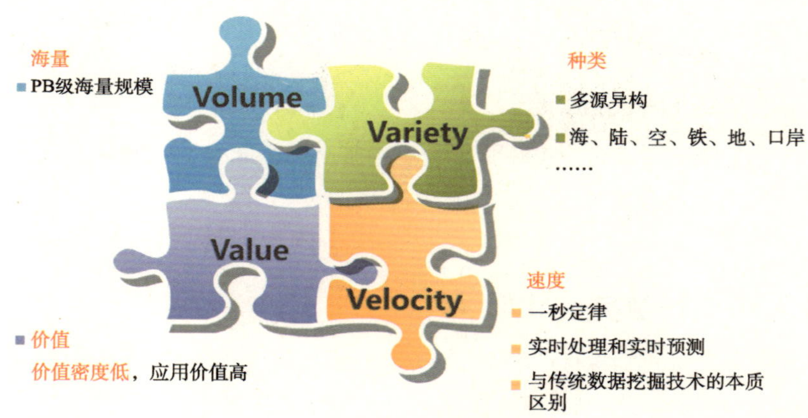

图7-13　大数据的4V特性

（一）大数据与城市交通

城市交通的运行每一天都在产生大量的数据，包括人、车、路、环境、检测设备设施等产生的数据。一个高清摄像头数据 3.6GB/小时，2.59TB/月，城市摄像头月均数据至少是数百PB规模。这些数据汇聚整合后庞大、复杂，它们近在眼前，却难以理解。伴随智能交通技术的发展，大数据需要我们行动（图7-14）。

深圳市智能交通全系统每天传输与存储新的数据量超过36T（相当于18432部120分钟的高清影片，需要4年2个月连续不断地看才能看完）；与腾讯、中国科学院深圳先进技术研究院合作云之间每天传输与计算量超过70G（相当于35部高清影片）；“交通在手”下载量超过百万人次，每天近几十万人次使用，活跃率高达17%，与国际经验参数接轨；网站点击量超过2200万次，全景大交通每天受众量超过600万人；10万台营运车辆GPS数据在系统中流转，1万多路视频坚守着全市交通运输关键节点，每天超过2000宗信息咨询服务、巡查道路约17682公里、派遣案件约1304件。这些都需要重视大数据关键技术的应用（图7-15）。

图7-14　城市交通与大数据

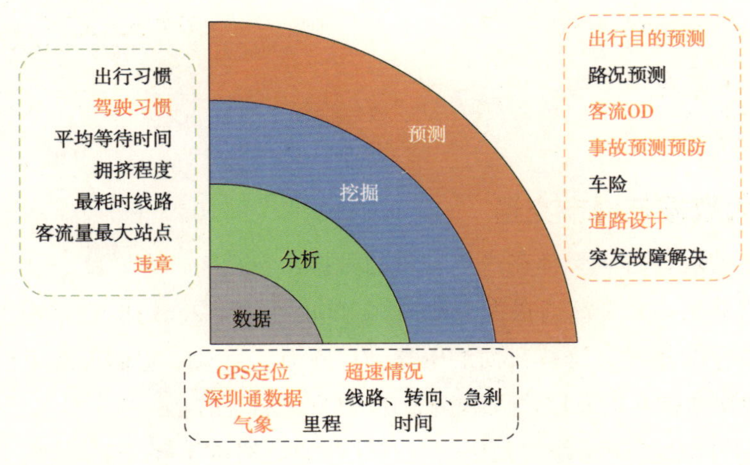

图7-15　交通大数据的作用

（二）智能交通三大核心工作

对当今智能交通工作进行总结，无外乎围绕大数据的三项工作，即：综合交通大数据采集、综合交通大数据集成与分析、综合交通大数据应用与发布。

综合交通大数据采集方式有感知、汇聚、接入、共享、众包等，采集内容主要是海、陆、空、铁、口岸、泛在等（图7-16）。

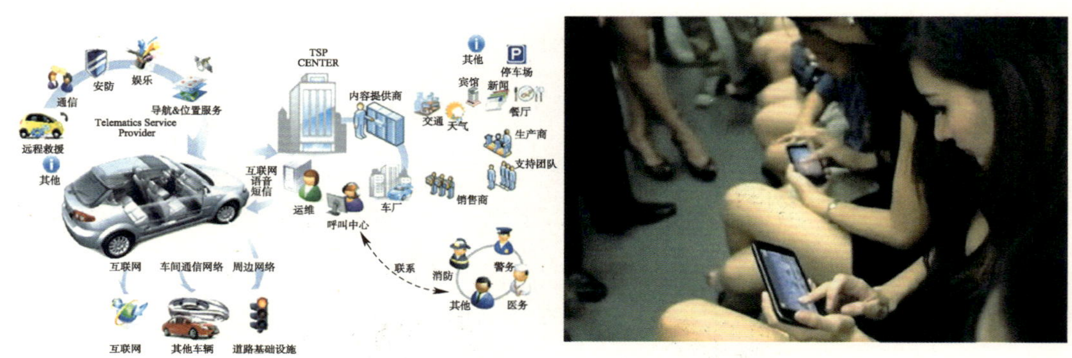

图7-16　综合交通大数据采集

综合交通大数据集成与分析主要是面向交通大数据高度开放、离散的特点，将交通大数据既当做是满足应用需求的基础，也当做是应用需求产生的源泉，让数字变成数据，让数据变成语言（图7-17）。

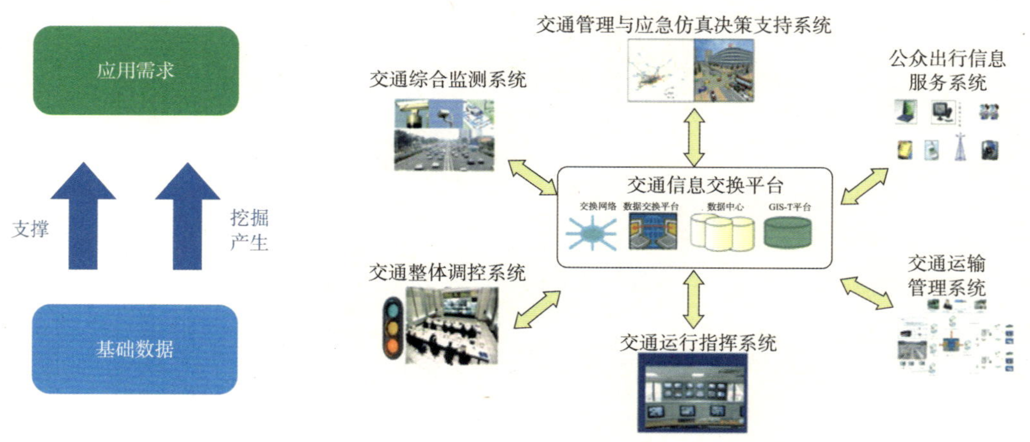

图7-17　综合交通大数据集成与分析

综合交通大数据应用与发布包括行业管理应用和公众出行信息服务应用。行业管理应用包括多渠道、多模式、立体化的运行指挥、应急调度、运营监管、行业监测、组织优化应用等；公众出行信息服务则是综合交通大数据应用的终极目标，主要面向移动终端、电脑终端、电视终端、综合交通信息发布终端提供一体化、协同互动的综合交通出行信息。

（三）交通大数据处理关键技术

大数据处理关键技术包括数据质量评估、实时数据流式处理、时空关联性处理与融合分析及隐私安全。

数据质量指标指示数据的准确性和完整性，不同的时空分析任务对时空数据质量有不同要求，数据质量评估结果确定了数据的应用。因此应建立时空数据准确性和完整性评价体系（图7-18）。

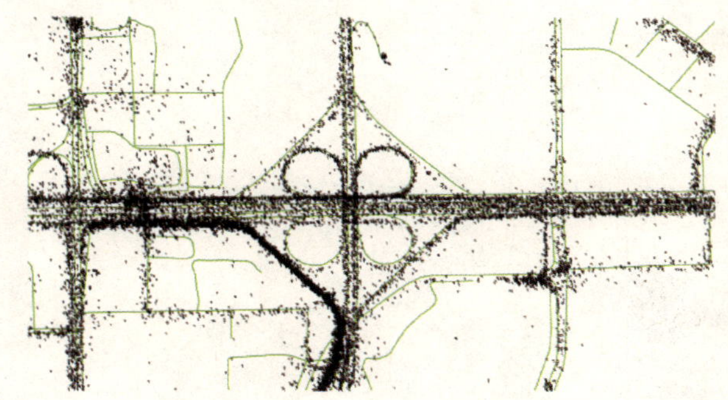

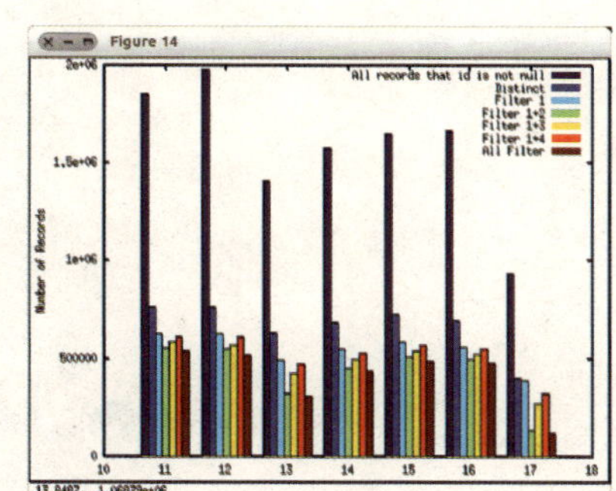

图7-18　交通大数据的数据质量

实时数据流式处理包括建立分布式流式数据实时处理架构，冗余数据、异常数据的实时检测与剔除，乱序数据的实时排序等数据预处理工序，并能够低采样率的情况下，保障实时、高效、准确的地图匹配。

时空关联性处理核心关键在于多维数据检索、时空数据挖掘、多源数据融合（图7-19）。

隐私安全重点解决位置隐私与精准服务之间的矛盾、位置匿名的即时性问题、位置频繁更新以及位置依赖性问题、隐私需求的个性化问题，解决方案包括假位置、时空隐匿、空间加密、混合算法及架构、查询隐私保护方法（图7-20）。

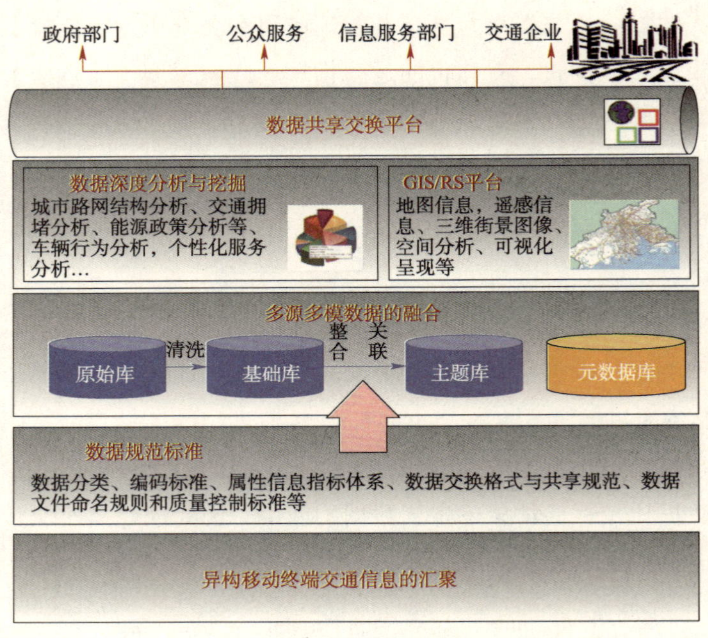

图7-19　时空关联性处理框架

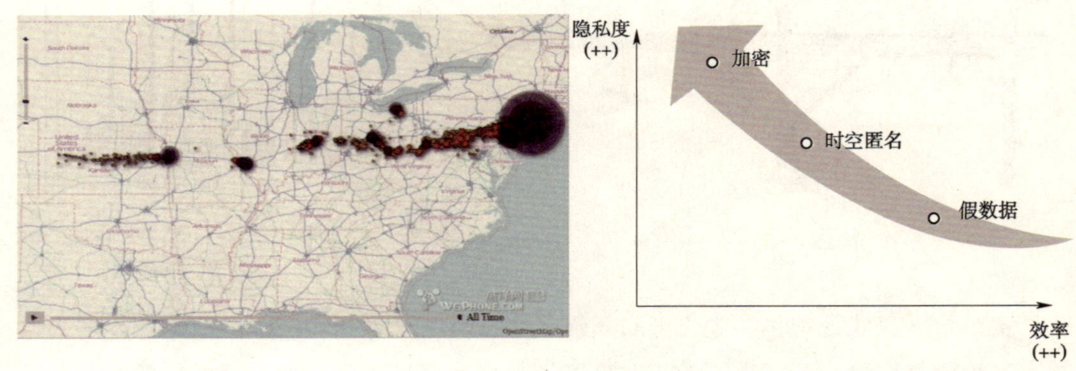

图7-20　大数据的隐私安全

三、基于云环境的城市综合交通信息集成与服务关键技术

面向移动互联网时代和综合交通智能化发展的需求，为确保全市道路网、公交网、轨道网、物流配送网的协同安全稳健运行，2012年，深圳市提出构建基于云环境的城市综合交通信息集成与服务平台，以数据采集、数据分析、数据应用为主线，全面深入推

进平台建设和关键技术研发，为交通管理、交通运行、交通服务提供强大支撑。

（一）技术特点与创新

1. 首次实现了大交通管理体制下特大城市综合交通信息集成

集成了海、陆、空、铁、口岸等多源综合交通信息，构建了综合交通数据资源中心，以及面向政府部门的交通规划、建设、管理决策支持平台和面向公众的出行信息服务平台，实现了与委内各业务系统的跨系统共享应用，以及与规划国土、公安交警、城市管理、环保气象等单位的跨部门、跨行业、跨体制的数据资源共享，形成了一个中心、两大平台、六大体系的城市综合交通信息集成。

2. 首次建立了特大城市综合交通信息云存储、云计算与云发布体系

深圳交通的大数据整合利用腾讯云、中国科学院深圳先进技术研究院先进云等现有的巨型计算存储资源，建立基于云环境的全市综合交通集成应用云数据中心，极大的提高了数据存储及计算能力，实现交通大数据实时接入、高效运算、安全存储。云环境整个体系由服务层、分析层、平台层、网络层、感知层组成，体系架构如图7-21所示。

（1）感知层：收集各类多源异构海量交通数据，日均数据存储量达约180T。

（2）网络层：构建了10条光纤专线，实现了云平台的无缝连接。

（3）平台层：系统存储容量达到PB规模，数据计算能力可达100万亿次/秒，具有支持百万级用户并发能力。

（4）分析层：基于45,000条以上各种等级复杂道路路链，系统具备50万辆浮动车数据的处理能力。

（5）服务层：每日为1400万人口提供服务，信息发布响应时间达到毫秒级，每日处理事务条数达50亿条。

3. 建立了多层次的城市综合交通模型—“深圳模型”

建立了一整套以交通为轴心的智慧城市模型，我们称之为“深圳模型”。“深圳模型”的基础是一套包含宏观、中观、微观多层次、由多个模型有机结合的城市综合交通模型，这个模型为实现交通规划仿真和交通影响提供了技术支撑。图7-22为深圳模型中的路口模型图。

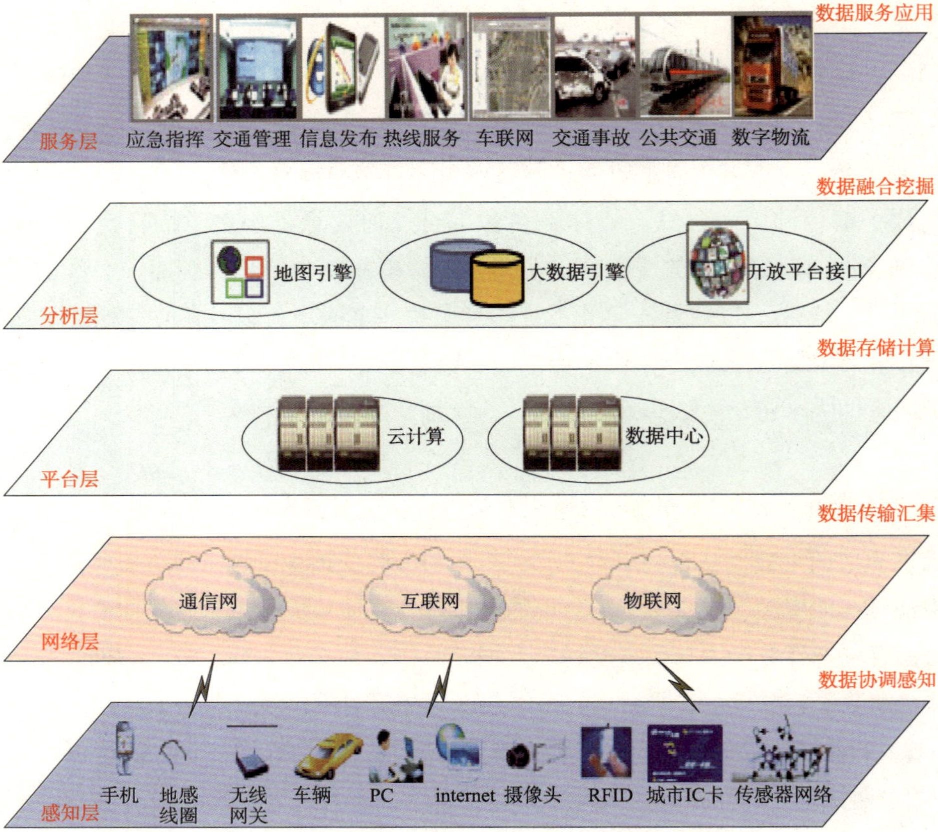

数据服务应用
服务层
应急指挥
交通管理
信息发布
热线服务
车联网
交通事故
公共交通
数字物流
数据融合挖掘
分析层
地图引擎
大数据引擎
开放平台接口
数据存储计算
平台层
云计算
数据中心
数据传输汇集
网络层
通信网
互联网
物联网
数据协调感知
感知层
手机
地感线圈
无线网关
车辆
PC
internet
摄像头
RFID
城市IC卡
传感器网络

图7-21　云环境体系架构

P(Af>Ag)= max[O,P({Af})−Bei({Ag})]−max[O,Bei({Af})−Pi({Ag})] / Pi({Af})]−Bei({Af})]+Pi({Ag})]−Bei({Ag})]　Af,Ag∈A
决策规划
数据分类
证据合成
多源数据
数据预处理
确定证据参数
证据的BPA分配
根据各数据源自身特点确定证据属性
SFCD={s|s=(var iation,sample_mim,direction,intersection,spped)}
SFDD={s|s=(flow_volumm,time_period,occupation,spped)}
行驶车辆数据
收费数据
固定监测器数据
路况信息
路况信息更加稳定与准确

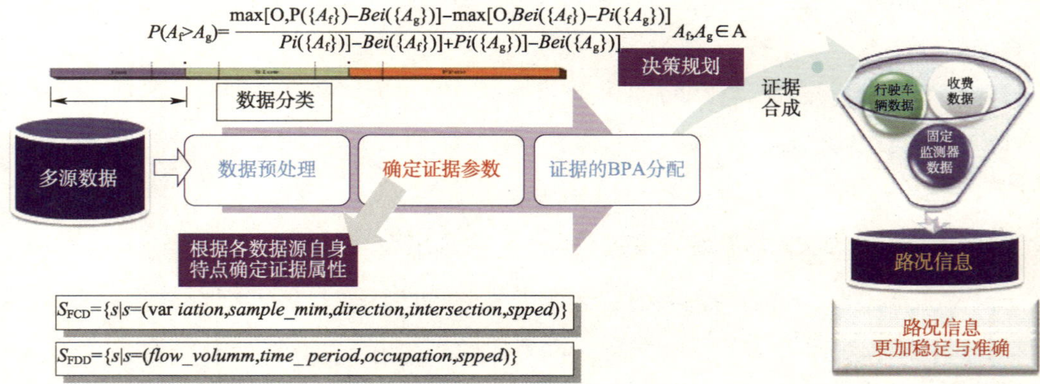

图7-22　深圳模型中的路口模型

4. 首创了基于位置的、实时动态、多渠道协同在线综合交通信息发布技术

以位置感知技术为基础，依托云平台的大数据采集处理能力，以e行网网站、交通在手智能手机APP、移动电视交通直播节目等多种渠道，向社会公众协同在线发布实时动态综合交通信息。

5. 首创了面向全行业共享的交通基础地理信息共享平台—T-GIS

在全市基础GIS数据和社会经济数据的基础上，集成了交通网络、交通设施、交通相关属性、交通运行和调度管理等交通专题地理信息，实现满足于综合交通管理与应用所需的电子地图浏览、信息查询、接口应用、数据管理、数据共享、业务支撑、决策支持、建模仿真支撑等应用功能。

（二）技术应用效果

该平台的建设推广并行，目前已经全面应用于深圳城市综合交通运行监测、应急协同、决策支持和信息发布等领域，经过3年多的应用推广，取得了显著的社会经济效益，促进了深圳综合交通环境的良性发展。

1. 大幅提升了全市交通智能化程度

平台的应用大大提高了深圳市交通智能化程度和信息服务水平，作为提升深圳市交通运输承载能力的重要环节之一，改善了公众出行体验，缓解了交通拥堵。

2. 在同行中取得了良好的反响

2011年9月20日至今，已接待团体访问314批次，有超过12000名来自不同国家和地区，以及国内不同省、市、自治区的的交通专家、学者、技术人员和管理人员前来参观考察。

3. 有力保障了深圳大运会的交通运行

平台的建设有效保证了深圳大运会多重要比赛场次以及多场特大重要活动交通安全、准点、可靠、便捷大运会期间，共投入各类交通服务人员9538人，累计发车66803辆次，载客386478人次，车辆运行总里程2931365公里，赛事期间，公共交通系统运送比赛观众149.79万人次，开行9494班次公交地铁，各场比赛观众实际平均25分钟疏散完

毕，未发生一宗安全责任事故，未发生一起注册群体乘车延误事件，未发生一起注册群体有效投诉事件。世界大体联主席加利安盛赞大运会交通保障团队为“梦之队”。

（三）社会经济效益

1. 提升公众出行满意度，提高公交出行吸引力

公交出行者平均候车时间由9分钟减少为5分钟，私家车出行者拥堵避行和错峰出行意识显著增强，月均市民出行服务投诉次数下降52%，公交出行客流量增长明显，日均出行达到1006.2万人次，出行分担率达到54.4%。

2. 提高交通行业管理水平，提升交通整体运行效率

至2015年1月，全市交通设施案件日均巡查里程4321.6公里，各类案件周办结率由之前的不足60%提升至95.3%以上，提高了交通基础设施的完好率和整体运行效率。

3. 强化综合交通协同，提升综合交通规划管理、组织指挥、应急保障能力

大运会期间，在良好的智能化运行监测环境和信息发布环境支撑下，圆满实现了“安全、准点、可靠、便利”的目标要求，得到了大运会来宾的高度评价。

4. 推进产学研用一体化，实现行业管理领先地位

深圳市交通运输委与几十家企事业单位、大专院校形成战略合作关系，智慧交通产业促进会成立不足半年时间，参会会员单位已达106家，加速了交通科技成果转化推广应用，优化升级了交通产业结构，促进了交通产业规模发展。

本章小结

智慧城市，智能交通先行。作为全球第十一个公交日均客运量超千万人次、拥有全球第三大集装箱港口、拥有全国第四大机场的特大型城市，深圳的发展离不开智能交通的引领，离不开科学的规划和管理方法，离不开先进的信息技术，离不开“以人为本、自主创新”的发展理念，离不开砸锅卖铁干智能的干劲。实现交通智慧发展、绿色发展、和谐发展、平安发展，深圳一直在努力。

第八章
智慧交通未来发展思考

第一节　时代变了

1981年，IBM推出了世界上第一台个人计算机；1983年，世界上第一台移动电话诞生；1991年，万维网正式登场亮相；1993年，世界上第一款真正意义的网络浏览器诞生；1994年，世界第一部智能手机上市，1999年，博客在万维网上高速发展；同年，腾讯OICQ在国内发布；2006年，全球互联网用户数超过了10亿，微博开始在公众生活圈中蔓延；2007年，苹果公司推出iPhone手机，上百万人由此使用无线互联网服务；2011年，“加我微信”成为中国社会新的问候语；2012年，中国网民规模达到5.64亿，手机网民规模4.2亿，使用手机上网的网民规模超过了个人电脑；同年，滴滴打车、快的打车正式在手机上上线，2013年，4G闯入了人类的生活。人们不曾留意，身边越来越多的人正在频繁地使用手机上网，在手机上打飞机、找路线、看视频、聊天、购物、支付、存钱、免费打车……时间进入了互联网时代的今天，“移动互联网”及其衍生的“服务”正在迅速成为炙手可热的时代新标记，时刻改变着我们的生活。

今年两会，国家总理李克强在政府工作报告中首次提出，“制定‘互联网+’行动计划，推动移动互联网、云计算、大数据、物联网等与现代制造业结合，促进电子商务、工业互联网和互联网金融健康发展”。面对互联网及大数据时代的发展，无疑对智能交通未来的发展带来了新的机遇。智能交通的发展离不开大数据的支持，以云计算和大数据分析技术为支撑的智能交通信息服务正在逐步成为主流，与我们的生活息息相关。在交通运输行业，“+”打车变成了手机打车；“+”公交变成了定制公交；“+”租车变成了私人专车。越来越多的传统交通运输行业被市场作为创业创新的方向在运作耕耘，这与当前智能交通的工作模式是一致的，都是通过信息化技术催化交通运输管理、服务方式的变化。因此，可以预见，随着互联网在交通运输行业的持续深入，未来五年的智能交通也会成为“互联网+交通”的体现。

一、未来一段时间互联网的发展特征

近年来，随着智能手机的普及，移动互联网应用，淘宝、京东、1号店等线上零售向传统零售业构成不可阻拦的后浪推前浪之势，超商等零售业面临从未有过的危机。为应对互联网的挑战，零售商不得不改变传统经营模式，迅速布局线上服务才得以安全着陆，然而市场份额已经被瓜分，冲击已在所难免。不仅是零售业，在中国，各行各业都受到移动互联网的“冲击”，但是这种冲击对于消费者来说并不一定是坏事，反而为消费者是提供了更多更好的选择，互联网让消费者以更低的费用分享了更为便捷、优质的服务。

互联网服务应用的基础是数据，包括人的信息、服务信息、产品的信息、设备的信息及其他事物的信息，而这些事物之间信息的联网形成了物联网。连接、传感器、服务越来越多，聚合了大量的资讯，这些数据成为企业发展的重要资源。数据越来越重要，这些数据帮助政府、企业、商家变得更智慧、更好理解每一个服务对象，用户有机会享用更个性化，更好的产品和服务。“互联网＋”创新涌现，使互联网与其他产业连接，让许多复杂的难题找到新方法，其中，具有突出表现之一是在交通领域带来很多创新，道路路况、停车信息、公交信息都可以在手机上随时查到，不得不感慨信息时代给大家带来的便利。

然而，跨界创新也让传统的产业疆界变得更为模糊，行业版图面临重新组织，竞争加剧。互联网的发展，小公司有了挑战大公司的能力。但任何一家公司单凭一己之力，已远远无法满足用户的需求，阿里和快的合作，腾讯和滴滴的合作仅仅是互联网发展中普通的案例。对此，企业必须以要有开放的心态，建好自己的平台，知道有所为和有所不为，把开放做好。

百度、阿里、腾讯等IT行业巨擘在自己的商业生态平台的大数据下，积极构建自己的云环境，并且对外提供云服务，分享了先进的IT技术，通过这些高度集成、运行效率高的企业级规模软件，整合了社会资源，为用户创造了高性价比的产品和服务。

物联网是互联网的数据来源。早在2009年物联网已被多个国家和地区列为国家战略出台，美国、欧盟以及亚洲的日本、韩国等国家和地区都投入巨资大力发展物联网，以期在该领域谋求有先优势；2010年，时任国务院总理温家宝在2010年《政府工作报告》中明确提出将“加快物联网研发应用”纳入国家重点产业振兴计划， 2015年，李克强总理在两会上提出“互联网+”战略，势必促使我国进一步加大对物联网的投入，在物联网的不断完善的基础上，推动我国未来互联网发布向开放、创新、协作、共享的方向发展。

二、未来一段时间智能交通系统的研究方向预判

随着近年来智能交通的快速发展，人、车、路以及环境等各类与交通系统有关的动静态数据被大量收集，这些海量的异构数据为交通领域的研究提供了新的手段和数据支撑。未来的智能交通将逐步精细化，更加注重交通的内涵。业内普遍认可的研究方向包括以下：

（1）研究多源海量异构交通大数据整合组织与交通系统的数字化重构；

（2）研究交通大数据分布式处理技术方法与平台；

（3）研究大数据驱动的交通系统特征识别与状态推演；

（4）研究大数据驱动的交通系统评价与协同优化；

（5）研究新一代开放式智能交通系统架构。

从以上研究方向可以看出，未来一段时间智能交通的工作方向依旧集中在“交通大数据”、“对交通系统进行更深入的了解”、“流程再造”、“不同交通运输方式的协同”等方面。

第二节　智慧交通后续发展展望

未来，智慧交通的发展将逐步从IT（信息技术）向DT（数据技术）转化，后续的建设发展将围绕着数据、服务、合作展开，打造全出行链的公众出行信息服务、加快数据的整合与开发、完善交通物联网、促进智能交通产业化发展，实现全方位的交通物联网服务。

一、全出行链公众出行信息服务

城市交通需求呈现出多样性特征，出行方式更加多元化，居民出行行为具有更多的选择性和复杂性。全出行链公众信息服务是基于个体的交通需求是如何发生，其自身的出行历史状况怎样影响出行行为，并更多地关注人的出行链逻辑在出行决策中的作用。在全方位交通信息采集和集成的基础上，利用先进的云计算、存储、发布平台资源，实现数据融合、共享及服务定制，基于出行者行为模型体系，实现全出行链动

态规划、基于时空感知的动态导航、基于需求预测的位置服务及个性化定制的出行服务的交通一体化定制服务应用。其中模型体系研究包括基于出行链的公共交通线网评价方法、动态信息影响下的通勤者出行链的动态选择行为模型、基于历史数据的人群出行行为分析挖掘、用户出行需求、出行模式选择等出行行为特征建模、建立定制公交车、出租车与用户间相互操作的联动机制等。

二、数据整合与开放

数据整合是共享或者合并来自于两个或者更多应用的数据，创建一个具有更多功能应用的过程。深圳交通的大数据整合将利用腾讯云、中国科学院深圳先进技术研究院先进云等现有的巨型计算存储资源，建立基于云环境的全市综合交通集成应用云数据中心，达到综合交通数据存储与检索 、交通大数据处理架构及云平台优化、交通大数据分析挖掘、海量异构数据的集成管理与可视化等功能，强化了数据管理；同时通过构建深圳交通模型体系，包括：对交通系统“基因、运行、环境影响”特征识别；实现交通系统“全周期、全局化、多尺度”推演，形成系列化分析工具；构建多目标多层次交通系统评价体系与方法，从规划、建设、管理层面，提出交通系统协同优化方法，形成系列化评价与优化工具等，提升数据的应用水平。

大数据的多源性决定了共享性，仅凭一己之力，政府不可能采集所有交通数据。未来，深圳将尝试通过探索互利合作共赢的PPP模式与企业合作，在保证数据安全的情况下适当的开放政府数据资源，解决政府力所不能及的问题。

三、交通物联网

交通物联网构建是智慧交通的基础，决定了数据的全面性、可靠性和稳定性。未来，通过移动通信、身份系统、识别技术、卫星导航、路网控制等途径，继续加大力度采集与交通出行相关的大数据，全面接入民航、铁路、公路、水运、公交、轨道、出租车、深圳通等交通运输行业静态信息和动态运营信息，全市高快速公路、关键交通节点、客运站、港口码头、口岸等重要场所交通信息，以及全市天气、环境等数据，实现掌握全市道路网络和枢纽运行状态，加强对人流、车流和设备设施的日常监管。数据更新频率保证在3分钟之内，能够提前3小时准确预测突发事件（如：拥堵、事故）的出现，并及时进行应急处置。同时，在这些数据的基础上，全面提升交通大数据接入所需的基础计算、存储、网络服务能力，解决信息服务从“智能出行”向“智慧出行”转变所需的大数据支持问题。

四、智能产业化发展

智能交通产业对于推动交通运输业发展，带动汽车、机电、通信、微电子、计算机及软件产业的发展具有重要作用，被认为是二十一世纪世界范围内最有影响的产业之一。根据深圳现有智能交通产业发展特征，继续深化深圳智能交通产业的发展，在政府主导，民间市场参与的开放模式下，通过设置智能交通产业基地，发挥产业基地的集聚效应，促进产业链协作，培育孵化具有一定规模的ITS企业；培养ITS领域国内顶尖级技术和管理人才；掌握核心技术；增强新产品的开发生产能力；推动智能交通标准化的制修订工作，带动制造行业等相关行业的发展，形成规模效应。

本章小结

随着移动互联网及物联网的深入发展，人与人、人与物、物与物的连接将更加紧密。未来，在物联网的背景下，智慧交通的发展不仅基于数据的整合，而且将实现交通信息系统间的互联互通，并为公众提供更为个性化、人性化和全方位的交通物联网服务。

参考文献

[1] 李德华.城市规划原理[M].3版.北京：中国建筑工业出版社，2004.

[2] 陆化普.智能交通系统[M].北京：人民交通出版社，2003

[3] 徐建闽.智能交通系统[M].北京：人民交通出版社，2014.

[4] 陆键，项乔君等.智能运输系统(ITS)规划方法与应用[M].南京:江苏科学技术出版社,2008.

[5] 周天星. 城市轨道交通对城市发展的影响[J].中城市轨道交通管理和技术创新研讨会. 2014.

[6] http://www.tranbbs.com/Advisory/ITS/Advisory_67440.shtml

[7] http://www.tranbbs.com/news/Worldnews/news_33383.shtml

[8] http://www.cspmag.cn/hqaf/gjsc/201401/1015.html

[9] 赵娜，袁家斌，徐晗. 智能交通系统综述[J].计算机科学，2014（11）.

[10] http://lohas.china.com.cn/2013-07/26/content_6158722.htm

[11] 苏振.深圳市智能交通发展研究[D].大连海事大学. 2012.

[12] 马小毅. 广州市综合交通发展战略（2010—2020）[J].城市交通.2011.

[13] 单连龙.国外大城市交通发展的经验及思考[J].综合运输，2004（3）：66-69.

[14] 姜雨.区域ITS规划研究[D].南京:东南大学，2007.

[15] 陆化普，李瑞敏，朱茵.智能交通系统概论[M].北京：中国铁道出版社，2004.

[16] 刘冬梅.智能交通系统（ITS）体系框架开发方法研究[D].北京：北京工业大学.2004.

[17] 鲍晓东，张仙妮.智能交通系统的现状及发展[J].道路交通与安全，2006（8）.
[18] 王笑京，齐彤岩，蔡华.智能交通系统体系框架原理与应用[M].北京：中国铁道出版社，2004.
[19] 万俊希.成都智能交通系统体系框架研究[D].西南交通大学.2009.
[20] 赵蓉，叶茵.信息论基础[M].北京：北京邮电大学出版社，2011.
[21] 薛美根，朱昊，曲广妍，等. 上海智能交通系统标准化探索与实践[M].上海：同济大学出版社，2010.
[22] 钱小鸿，史其信，章建强，等.智慧交通[M].北京：清华大学出版社，2011.
[23] http://www.sz.gov.cn/cn/xxgk/bmdt/201307/t20130717_2172992.htm
[24] 杨兆升.基础交通信息融合技术及其应用[M].北京：中国铁道出版社，2005.
[25] 陈艳艳，王东柱.智能交通信息采集分析及应用[M].北京：人民交通出版社，2011.
[26] 覃明贵.城市道路交通挖掘研究与应用[D].上海：复旦大学，2010.
[27] 徐田文.分布式计算技术研究与实现[D].北京：中国地质大学，2006.
[28] 赵黎明，刘贺平，张冰.多源信息融合技术及其工业应用[J].自动化仪表，2010,31（9）.
[29] 倪琴，许丽.云计算技术在智能交通系统中的应用研究[J].交通与运输，2012,7.
[30] 杨兆升.基于动态信息的智能导航与位置服务系统关键技术及其应用[M].北京：中国铁道出版社,2012.
[31] 王英杰，袁勘省，李天文.交通GIS及其在ITS中的应用[M].北京：中国铁道出版社,2004.
[32] 杨飞.基于手机定位的交通OD数据获取技术[J].系统工程，2007,1（25）：42-48.
[33] 张星霞.基于手机定位信息的地图匹配算法[J].软件技术研究，2006（10）：35-37.
[34] 王静霞，张国华，黎明.城市智能公共交通管理系统[M].北京：中国建筑工业出版社，2008.
[35] 李韧，陈媛，刘虹秀.智能交通GPS技术[M].北京：人民交通出版社，2010.
[36] 张海.天津智能交通系统发展策略研究[D].天津大学.2012.

[37] 关志超，张昕，胡斌.深圳市智能交通“十二五”规划设计研究[C].第六届中国智能交通年会暨第七届国际节能与新能源汽车创新发展论坛优秀论文集上册,2011,19-31.

[38] 关志超，张昕，胡斌.深圳市智能交通系统体系结构设计研究[C]. 第六届中国智能交通年会暨第七届国际节能与新能源汽车创新发展论坛优秀论文集上册,2011,529-539.

[39] 李超，贾元华.基于GIS的交通信息Web对外发布系统应用研究[J].交通运输系统工程与信息，2004（3）.

[40] 陈天德，刘治聪，孙高文.基于移动互联网的公众交通信息服务系统[J].中国交通信息化，2013（5）.

[41] 任晓莉.基于物联网的公交智能停车系统设计[J].计算机与数字工程，2013,2（2）.

[42] 潘晓东，詹嘉，杨轸.智能停车诱导系统设计应用研究[J].华东交通大学学报，2007，2（1）.

[43] 城市道路交通系统智能协同理论与实施方法. 北京：中国铁道出版社，2009.

[44] 吕北岳.基于浮动车的深圳市道路交通运行评价研究[D].武汉大学，2013.

[45] 张丽霞，陈斌，何勇. 智能停车场系统集成与应用维护[M].成都：电子科技大学出版社，2010.

[46] 杨兆升.新一代智能化交通控制系统关键技术及其应用[M].北京：中国铁道出版社，2008.

[47] 吴娇蓉.交通系统仿真及应用[M].上海：同济大学出版社，2006.

[48] 吕政权.多源信息融合技术研究及应用[D].保定：华北电力大学，2011.

[49] 关志超、张昕、胡斌.政府主导下的智能交通体系规划设计与建设管理研究—以深圳市为例[C]. 第七届中国智能交通年会优秀论文集,2012,418-429.

[50] 关志超，胡斌，张昕，裘炜毅.基于手机数据交通规划、建设、管理、决策支持应用研究[C]. 第七届中国智能交通年会优秀论文集,2012,358-367.

[51] 关志超，张昕，胡斌.深圳市大运交通运行指挥系统设计研究[C]. 第六届中国智能交交通年会暨第七届国际节能与新能源汽车创新发展论坛优秀论文集上册,2011,651-659.

[52] 苏占东，杨炳儒，游福成.基于信息挖掘的智能决策支持系统的结构设计[J].计算机应用研究，2005（3）.

[53] 李红良.智能决策支持系统的发展现状及应用展望[J].重庆工学院学报，2009,23（10）.

[54] 马嘉川，李翔.面向公众的到来交通综合信息服务平台研究[J].信息技术与信息化，2010（5）.

[55] 王辉，林垚，周紫君.基于元数据的交通运输科学数据共享平台设计[J].交通与计算机，2008,26（2）.

[56] 高玉荣，谢振东.智能交通产业化发展中产业链知识整合的作用[J].科技管理研究，2010,12.

[57] 吴忠泽.中国智能交通行业发展现状与未来发展趋势[J].电气时代，2013，6（6）24-26.

[58] 张任，谢杨.智能交通系统在中国的发展趋势与前景[J].科技视界，2013,：32-33.

[59] http://tech.sina.com.cn/i/2013-11-10/17418900068.shtml

[60] http://www.tranbbs.com/Advisory/ITS/Advisory_83863.shtml